Wer wirft denn da mit Lehm?

Spielaktionen mit dem Naturprodukt Ton; alles ohne Brennofen!

ISBN 3-9802874-5-9

Titelillustration:	Willy Walinsky, Saarbrücken
Satz:	Kindergarten-Fachverlag, St. Ingbert
Fotos:	Wolfgang Klaucke, Saarbrücken
Layout und Zeichnungen:	Willy Walinsky, Saarbrücken
Lithos&Filme:	Satz&Weiss GmbH, Saarbrücken
Druck:	Bliesdruckerei P. Jung GmbH, Blieskastel
Gesamtkonzeption:	Mirjam Bach

Vorwort

„Kindheit hat ihre eigene Art zu sehen und zu empfinden,
nichts ist unvernünftiger,
als unsere Art an Stelle dessen zu setzen."
(Rousseau)

Ich danke allen Kindern,
die mir durch ihre Teilnahme an den von mir durchgeführten Spielaktionen mit Ton ermöglichten, wertvolle Erfahrungen zu sammeln, und die mir durch ihren Frohsinn viel Freude bei meiner Arbeit bereitet haben.

Meinen beiden Söhnen Jan und Moritz
danke ich für ihre Spontaneität und ihre kreativen Ideen, die mir bei der Umsetzung dieses Themas eine wertvolle Bereicherung darstellten.

Birgit Liebetruth-Bergfeld

Inhalt

Inhalt

Einleitung

Diese hier vorliegenden Ausführungen zum Thema „Spielaktionen mit Ton" entstanden aufgrund mannigfacher Erfahrungen mit Kindern und Erwachsenen im Umgang mit dem Keramikmaterial Ton. Nachdem zeitweise im Erwachsenenbereich ein regelrechter Töpferboom zu verzeichnen war, findet dieses Material derzeit in der Praxis relativ wenig Resonanz.

Auch heute ist das Töpfern „etwas ganz Besonderes", das - wenn überhaupt - meist in Arbeitsgemeinschaften angeboten wird oder als besondere Attraktion in den Alltag Einzug hält.
Alle Einsatzmöglichkeiten haben eines gemein: das Töpfern ist eine bislang losgelöste Aktivität und Beschäftigung. Es wird aus einem manchmal exotischen Blickwinkel betrachtet, bewertet und nicht unbedingt mit kindgemäßen Methoden vermittelt.

Das Material Ton ist meistens für die Kinder nicht frei zugänglich. Das Töpfern wird nicht eingebunden in die gesamte sozialpädagogische Arbeit, d. h. es findet keine Berücksichtigung als Gestaltungsmöglichkeit in Themenbereichen oder Angebotsreihen didaktischer Einheiten.
Ton als formbares Material in freien Gestaltungsformen findet sich nicht im Gruppenraum, ist somit auch nicht von den Kindern selbstbestimmend in den unterschiedlichsten Beschäftigungsfeldern einsetzbar.

Vorstellbar wäre, Ton und geeignete Bearbeitungsmittel wie (stumpfe) Messer, Hölzer usw. ebenso wie andere Materialien der freien Gestaltung in der Werkecke des Gruppenraumes ständig anzubieten. Ferner wäre es erstrebenswert, einen konstanten Bereich zu schaffen, in dem die Kinder mit Ton spielen können.

Ton wird als Gestaltungsmaterial in der Abbildung von realen Gegenständen - häufig aus der Erwachsenenwelt (Aschenbecher, Blumenvase...) - angeboten. Ton als Spielmittel, wie etwa Knet-

masse, oder das Töpfern als Spiel, als zweckfreies Handeln ohne konkrete Vorbestimmung des Ergebnisses ist für viele Erzieher noch unbekanntes Neuland.
Die weitverbreitete Meinung, daß die Beschäftigung mit Ton unweigerlich als Endprodukt eine „künstlerisch wertvolle Plastik" haben muß, läßt zudem so manche Erzieherin davor zurückschrecken, mit Ton zu arbeiten bzw. Ton den Kindern als Spielmaterial anzubieten.
Ein Anliegen dieses Buches ist unter anderem, eine künstlerische „Überbewertung" im Umgang mit Ton zu vermeiden und das Element Ton spielerisch zu betrachten.

Das heißt:

Ton als Spielmaterial wahrzunehmen und als solches anzusehen.

Ton als Naturelement zu erkennen und dem Kind somit Natur lebendig zu vermitteln.

Ton als Lebenselement zu akzeptieren und dem Kind dadurch grundlegende entwicklungsbedingte Lebenserfahrungen zu ermöglichen.

Sicherlich ist es nicht mein Anliegen, perfekte Töpfertechniken aufzuzeigen. Das spielerische Element im Umgang mit diesem Material steht im Vordergrund dieser Ausführungen.

Dadurch sollen Hilfen, auch methodischer Art, gegeben werden, Ton spielerisch in den jeweiligen Tätigkeitsbereichen einzusetzen. Diese Betrachtungsweise läßt es zu, eine breite Altersspanne in den einzelnen sozialpädagogischen Feldern anzusprechen, und ist keineswegs nur auf das Kindergartenkind ausgerichtet.

Es ist sicherlich sinnvoll, neben Kindern im Kindergartenalter auch Schulkindern und jungen Erwachsenen die Möglichkeit zu eröffnen, experimentelle, lustvolle Erfahrungen mit diesem Material zu sammeln.
Ferner sollte die Bedeutung im heilpädagogischen Bereich genannt werden. Hier können ganz gezielt körperliche wie geistige Defizite der Entwicklung spielerisch abgebaut und deren Ausgleich gefördert werden.
Neben der Gruppenspielsituation bietet sich in diesem Bereich verständlicherweise die Einzelzuwendung – vom Betreuer zum Kind – besonders an.

Das Spielen mit Ton

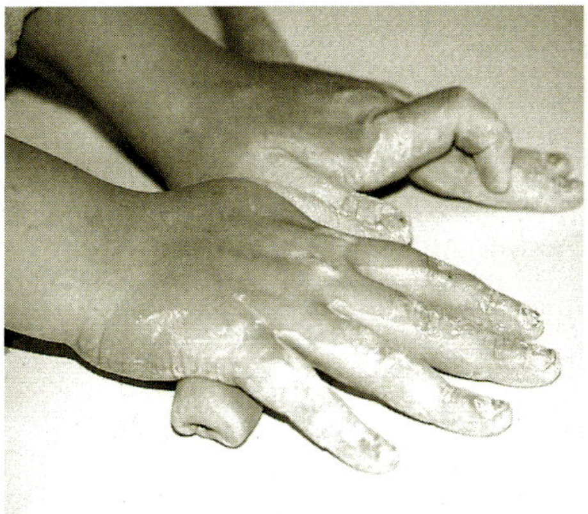

Ton an sich ist ein reines Material, das heißt: er ist ungiftig, frei von chemischen Zusätzen, geruchsneutral bzw. von frischem, angenehmem Geruch.

Ton ist in unterschiedlichen Farbnuancen von Weiß bis Schwarz, über Rot, Braun und Gelb erhältlich. Ton schmiert nicht, ist angenehm und hautfreundlich zu bearbeiten. Alle entstehenden Spuren lassen sich ganz einfach mit Wasser beseitigen.

Da den Kindern in den meisten Einrichtungen Malkittel zur Verfügung stehen, dürfte es kein Problem sein, auch im Umgang mit Ton diese zu tragen. Das Spielen mit Ton belastet die unmittelbare Umwelt des Kindes ebensoviel oder -wenig wie das Malen mit Wasserfarben, das Kneten mit Knete oder der freie Umgang mit Bastel-, Kleb- und anderen Werkmaterialien.
Läßt sich der Einsatz dieses Materials durch einen Aktionsbereich (besonderer Tisch im Gruppenraum oder Ecke im Waschraum) abgrenzen, dürfte es überhaupt keine Sauberkeitsprobleme geben.
Und bei schönem Wetter läßt sich mit dem Ton auch ausgezeichnet auf der Freispielfläche des Kindergartens spielen.

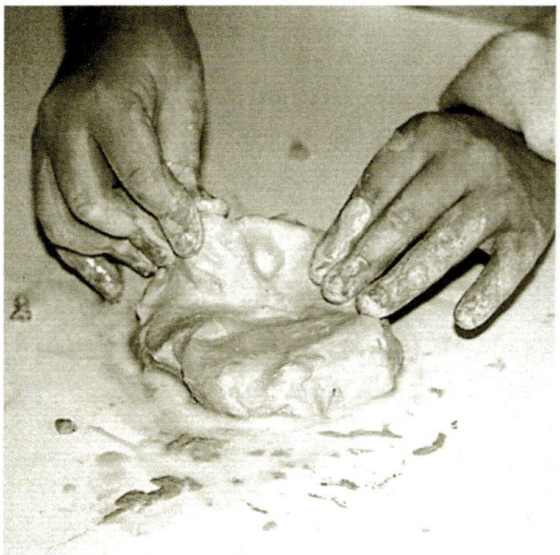

Da sich im Umgang mit Ton also keine überdurchschnittliche Verschmutzung der Kinder abzeichnet, Ausnahmen ausgenommen, wird auch der Ärger mit einzelnen Eltern ausbleiben.

Der Einsatz von Ton hängt meines Erachtens nach aber eher von den prinzipiellen pädagogischen Einstellungen der Erzieherin im Umgang mit freien unstrukturierten Materialien ab, als von dem damit verbundenen Verschmutzungsgrad.
Ist die Erzieherin sich des Wertes dieses Spielmittels bewußt, wird sie auch Ton als freies, formbares und variables Spielmaterial anerkennen und den Kindern zugänglich machen.

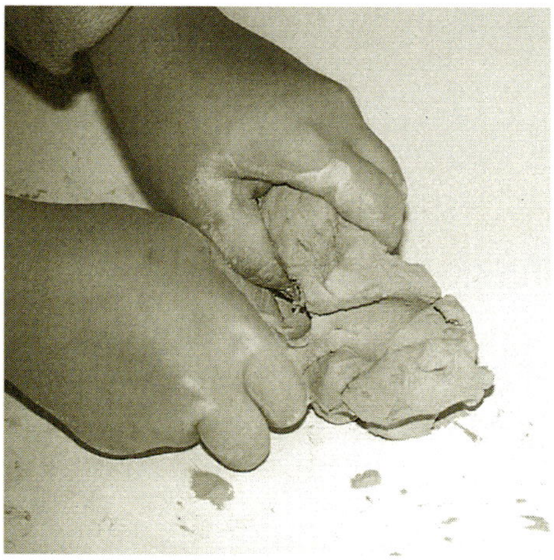

Eines der häufigsten Argumente, nicht zu töpfern oder mit Ton zu spielen, ist keinen Brennofen zu besitzen. Dieses Argument ist schlüssig, geht man von den üblichen Angeboten und Beschäftigungen in diesem Bereich aus.
Betrachtet man das Töpfern jedoch als Spielaktion und den Ton als Spielmittel, so verliert dieses Argument an Akzeptanz.

Hinweis:

Alle zur Durchführung der genannten Spielaktionen erforderlichen Materialen werden im Anhang „Materialbedarf“ ab Seite 69, gegliedert nach den einzelnen Aktivitäten, aufgelistet.

Das Spiel ist von momentaner Bedeutung für das Kind. Es spielt mit Ton, legt seine aktuellen Gedanken und Bedürfnisse in dieses Spiel hinein, bekommt Hilfen zur Bewältigung seiner momentanen und zukünftigen „Probleme“ und wendet sich neuen Dingen zu. Somit sind auch die im Spiel entstandenen Produkte aktuell von Bedeutung und verlieren mit der Zeit ihren Reiz und ihre Wertigkeit.

Alle Spielangebote sind von mir so aufgebaut, daß die „Ergebnisse“ nicht gebrannt werden müssen. Die sehr kostspielige Anschaffung eines Brennofens entfällt somit.

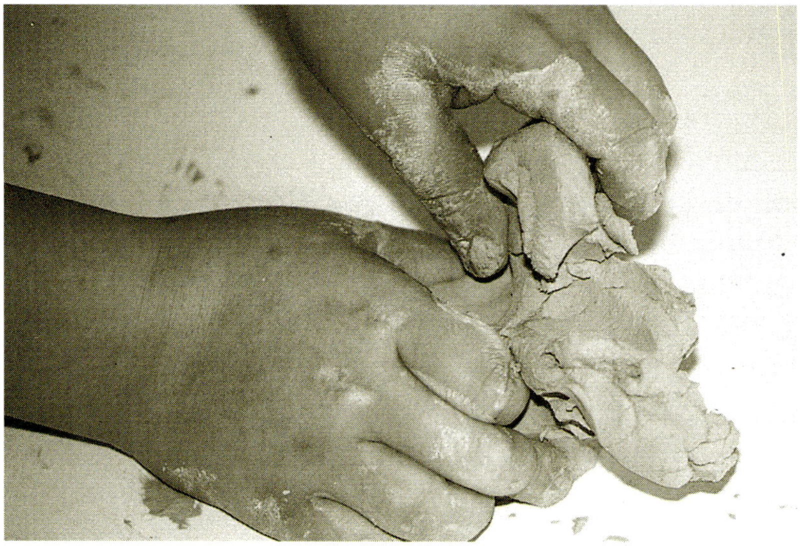

Wir graben Ton aus, ein lehmiges Vergnügen!

Kindern lebendig und spielerisch Natur zu vermitteln, bedeutet, mit ihnen auch in die Natur zu gehen und ihnen diese Natur begreifbar zu machen. Diesen pädagogischen Grundsatz im Hinterkopf, plante ich mit einer Kindergruppe, „dem Ton auf den Grund zu gehen".

Ein nahegelegenes Ziegelfeld, auf dem früher einmal eine Ziegelei stand, wurde als „Ausgrabungsstätte" auserkoren. Mit Spaten, Eimern und kleinen Sandschaufeln bestückt, machten sich zehn abenteuerlustige „Schatzgräber" mit mir auf den Weg.

Allein der Spaziergang dorthin gestaltete sich zum Erlebnis. Die für die Kinder ungewöhnliche Aktion und abenteuerliche Ausrüstung beflügelte ihre Fantasie. So wurden in froher Erwartung die absonderlichsten Geschichten erfunden.
Sie begannen bei der noch relativ harmlosen Ausgrabung eines Schuhes und endeten mit der Schatztruhe einer Prinzessin, die von einem schrecklichen Monster bewacht wird.

Das sollte uns zu denken geben!

Am Ziegelfeld angekommen, entdeckten wir noch die Mulden der ehemaligen Lehm- und Tongruben. Hier begannen wir zu graben. Meine anfänglichen Befürchtungen, daß die Kinder ein unüberschaubares, „gemeinsames" Loch ausbaggern würden, zerstreuten sich bald. Unter einer dünnen Deckschicht fand jedes Kind für sich seinen „Schatz": goldene Lehmerde!

Wieviel Erlebnishunger und wieviel Abenteuerlust steckt doch in Kindern, und wie wenig Möglichkeiten haben sie oftmals, diese Bedürfnisse auszuleben!

Der Heimweg gestaltete sich ob der mitgeführten Kostbarkeiten etwas anstrengender als erwartet.
Die aufgekommene Müdigkeit verschwand jedoch spontan, als es darum ging, im Garten die Tonerde mit Wasser zu verarbeiten.

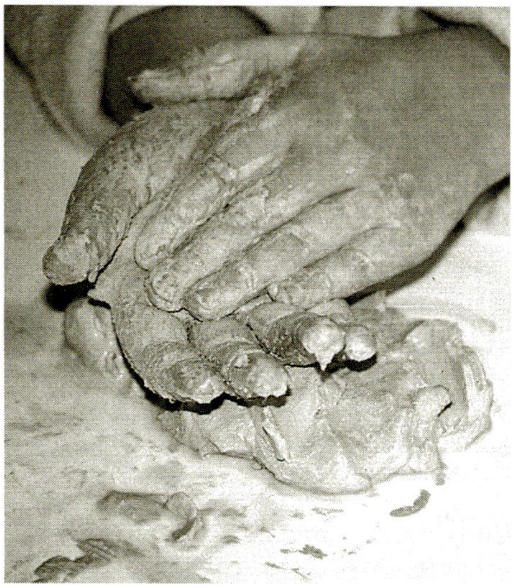

Die Kinder machten daraus ein regelrechtes „Ton-Manschen-Fest", und es gab tatsächlich nicht ein einziges Kind, das nicht bis zu den Ellenbogen in der Tonerde rührte und knetete.

Diese lustvolle Betätigung mit dem angenehm kühlen Ton wurde intensiv durchlebt und ausgekostet. Manches Kind wurde in seine anale Phase zurückversetzt und holte ein Stück nicht durchlebter Kindheit nach.

Im Anschluß an diese intensiv erlebte Materialerfahrung begannen die Kinder – nach gemeinsamer Überlegung – „Waldmonster" zu gestalten. Anlaß hierzu gaben sicherlich die abenteuerlichen Geschichten des Hinweges.

Es entstanden gruselige Gestalten, denen man sofort ansah, daß sie aus der Tiefe des Waldbodens kamen. Manche von ihnen erhielten eine Unzahl von „Wurzelhörnern", andere wiederum ruhten ihre Vielzahl von Händen auf ihren dicken Leibern aus.
Alle Waldmonster bestachen durch eine wilde Natürlichkeit und Schönheit. Farben und Formgebung harmonisierten und standen im Einklang mit der kindlichen Fantasie. Erfreulich war auch die Tatsache, daß immer mehrere Kinder gemeinsam an einer Figur arbeiteten.

Der übrige ausgegrabene Ton stand den Kindern in den nächsten Tagen zur freien Verfügung bereit. Mit ihm wurde eifrigst gespielt. Wie natürlich blieben alle Monsterstatuen im Garten stehen und konnten noch eine ganze Weile als Ausstellungsstücke bestaunt werden.

Unbekanntes verunsichert

Hinterfragt man einmal den so geringen Einsatz von Töpfertätigkeiten in entsprechenden sozialpädagogischen Einrichtungen und auch im häuslichen Bereich, so stößt man immer wieder auf ähnliche Argumente:

- „Wir sind wenig künstlerisch begabt, können somit den Kindern nicht genügend Anleitung geben!"
- „Die Kinder beschmutzen im Umgang mit Ton sehr stark ihre Kleidung und ihre Umgebung. Somit ist ein Ärger mit den Eltern nicht auszuschließen!"
- „Wir besitzen keinen Brennofen und das 'Weggeben' zum Brennen ist oftmals zu umständlich!"

Alle Argumente lassen eine gehörige Portion an Unsicherheit erkennen. Begründet ist diese Unsicherheit unter anderem sicherlich in einem Mangel an persönlichen Erfahrungen mit diesem Material. Vielleicht auch waren diese wenigen Erfahrungen ausschließlich auf den Umgang und die Vermittlung verschiedener Töpfertechniken im traditionellen Sinne begrenzt.

Die Bedeutung des Spiels:

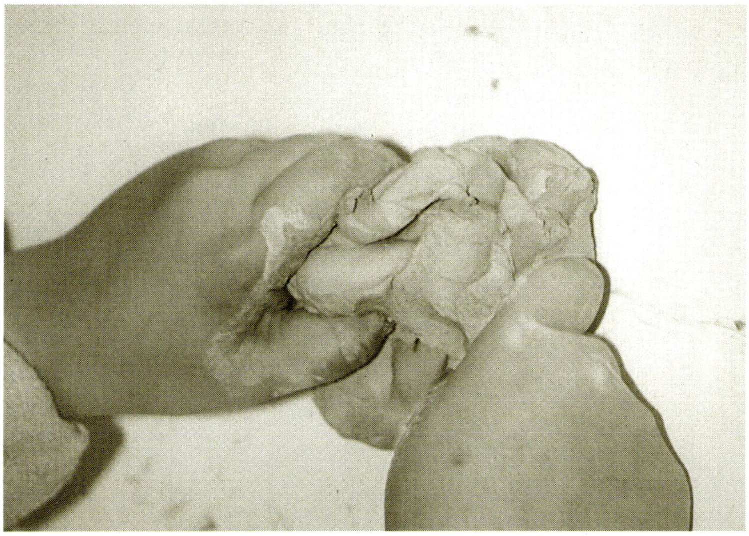

Wichtiger als die Töpfertechniken ist das Wissen um die Bedeutung des Spieles für das Kind und die Erkenntnis, daß das Kind keine Kunstgegenstände erstellen will, sondern viel lieber mit dem Material experimentieren möchte.

Geht man aber, wie diese Ausführungen zu überzeugen beabsichtigen, von einer spielerischen Tätigkeit mit dem Material Ton aus, so beschränkt sich das erforderliche Können auf das Wissen um einige fachgerechte Töpfertechniken. Grundinformationen zur Beschaffenheit und Handhabung des Materials sind vollkommen ausreichend.

Das fiel mir auf:

Ähnlich wie beim einfachen Funktionsspiel des Kindes im frühen Alter, wird das Spiel immer und immer wiederholt, bis dem Kind alle Sachverhalte verständlich sind und es sich anderen Tätigkeiten mit dem Material zuwendet.

Den Drang zum Experimentieren machte mir folgende Begebenheit besonders deutlich:
Der dreijährige Moritz saß viele Nachmittage am Tisch, rollte aus Ton „Würstchen" und schnitt sie in Scheiben. Die Scheiben verteilte er auf seinem Brett, um sie etwas später wieder zusammenzukneten. Allein die Tätigkeit selbst begeisterte ihn und motivierte ihn immer wieder, mit diesem Material zu spielen.

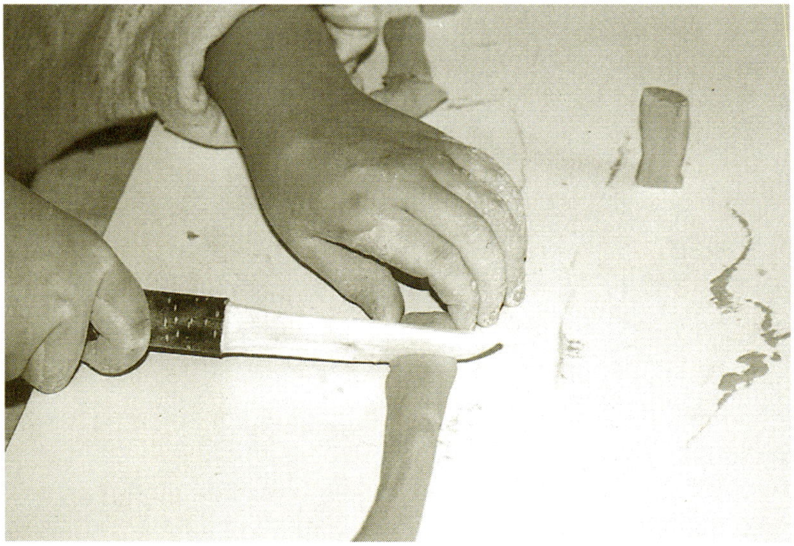

Erde im Glas

Um die Frage, wo Ton herkommt oder gar wächst, wird man kaum herumkommen. Vielen Kindern fehlen wesentliche Umwelterfahrungen, oder sie erhalten diese aus zweiter Hand, sprich dem Fernsehen.

Ergibt sich nicht die Möglichkeit, mit den Kindern gemeinsam nach Ton zu graben, sollte versucht werden, ein Stückchen „Erdboden" in Kinderhände zu zaubern.

Besonders reizvoll wird diese Beschäftigung, wenn mit den Kindern gemeinsam allerlei Naturmaterialien wie Sand und Steine gesammelt und zusammen mit der Tonmasse in große Einmachgläser geschichtet werden.
Vergleichbar mit dem natürlichen Bodenaufbau entstehen so in den Gläsern verschiedene Erdschichten, und die Tonmasse ist zwischen den einzelnen Schichten gut zu erkennen.

Als oberste Abdeckung wird Muttererde (alternativ Blumenerde) auf die Gläser gefüllt, wodurch eine „Bepflanzung" ermöglicht wird. Für die Kinder erhält die Bepflanzung dieser „Erdschichtengläser" einen zusätzlichen Reiz, wenn sie schnellkeimende Samen darin einsäen dürfen.

Erfahrungen:

Dadurch, daß jedes Kind sein eigenes Erdglas erstellt, werden ihm sehr theoretische Fakten praktisch und anschaulich zugänglich.
Es erfährt, daß die Erde aus unterschiedlichen Erdschichten aufgebaut ist und daß jede Erdschicht eine andere Beschaffenheit aufweist.
Das Kind lernt verschiedene Gesteinsarten kennen und Sand von Humus zu unterscheiden.

Am realen Objekt lernt das Kind etwas über die Beschaffenheit der einzelnen Erdschichten und den Aufbau der Erde.

Durch diese intensive Beschäftigung mit den einzelnen Schichten werden bei den Kindern unweigerlich Fragen auftreten, die sich auf Verwerfungen und Falten in der Erde beziehen. Erweiterte Exkursionen in die Natur, verbunden mit dem „Sammeln" von Erdproben, bieten hier die Möglichkeit, den Kindern detaillierte Erklärungen vor Ort zu geben.

Die Wahrnehmung:

Das Wahrnehmen der Erdgeschichte führt die Kinder meist sogar auf die Entstehung der Erde und der Menschheit hin.

Ohne Frage steckt in dieser Tätigkeit ein positiver Umwelteffekt, denn Sensibilität wird im Umgang mit Naturmaterialien geweckt. Dies wird auch angestrebt. Zudem ist der Transfer vom Erdglas auf die Umwelt gegeben.

Der emanzipatorische Anspruch beim Spielen mit Ton

Kindergarten und Elternhaus sind der emanzipatorischen Erziehung verpflichtet. Kinder zur Lebensbewältigung zu führen, sollte deshalb oberstes Ziel sein.

Emanzipation beinhaltet immer Begriffe wie Selbstvertrauen, Selbständigkeit und Experimentierfreude.
Alles Aspekte, die durch das Spiel und im Spiel mit Ton erreicht werden. Pädagogische Ziele also, die geschlechterübergreifend von enormer Bedeutung sind.

Das heißt:

Da leider immer noch bei Eltern und Erzieherinnen ganz bestimmte Rollenzuweisungen wie „Mädchen machen sich nicht schmutzig"; „Mädchen sitzen ruhig am Tisch, während Jungen toben dürfen" bestehen, hat dieses Spiel gerade für Mädchen einen besonderen Wert.

Das Spielen mit Ton kann somit für Mädchen und Jungen gleichbedeutend von großem Nutzen sein.

Beim Arbeiten mit Ton muß intensiv körperlich agiert werden, die Hände werden hierbei „schmutzig" gemacht, und es wäre störend, am Tisch sitzen zu bleiben. Ton wird aufgrund dieser Tatsachen bei vielen Erzieherinnen auch als „männliches Material" bzw. „Baumaterial" eingestuft.

Wenn Ton schon in die sozialpädagogische Arbeit einbezogen wird, dann meist in einer „typisch weiblichen", dem alten Rollenklischee nachkommenden Weise: alle Kinder sitzen am Tisch, formen „putzige Körbchen" und verzieren sie nach den Anweisungen der Erzieherinnen. Wenn dann alle Körbchen „gleich nett" aussehen, sind alle zufrieden, besonders die Eltern.

Bei dieser Art Beschäftigung macht das Aufräumen keine große Mühe, und die Kleidung ist auch noch sauber.

Nebenbei ist man dem eigentlich überholten weiblichen Klischee nachgekommen, daß Mädchen ihren eigenen Willen und ihre eigenen Vorstellungen zu unterdrücken haben, um zu gefallen, nämlich erst der Erzieherin und später – übertragen auf die Erwachsenenwelt – dem Manne.

Angebote in der Art von „Körbchen formen" können keinen emanzipatorischen Anspruch erheben. Sie sind oftmals noch nicht einmal kindgemäß, da zu viel vorgegeben wird und hauptsächlich die Vorstellungen anderer verwirklicht werden.

Spielerische Tonaktionen hingegen lassen sich in die „typisch weiblichen" Angebotsreihen nicht einordnen. Sie sind von großer Dynamik bestimmt, beziehen immer die gesamte Motorik des Kindes mit ein und lassen ein größtmögliches Maß an Selbstverwirklichung und Selbstbestimmung zu.
Und nicht zu vergessen: Spaß machen Spielaktionen mit Ton grundsätzlich allen Kindern, Mädchen wie Jungen!

Das Tonklopfen

Ton muß vor Gebrauch gut „durchgeschlagen" werden. Dieses Tonschlagen oder Tonklopfen verhindert eine Rißbildung während des Trockenprozesses und somit ein Zerbrechen der noch trocknenden Teile.

Neben diesen rein materialtechnischen Bedingungen ist das Tonklopfen für Kinder bereits eine Tätigkeit von primärer Bedeutung, da hier die kindliche Motorik ausgelebt werden kann.
Der gesamte Körper des Kindes knetet und klopft die Tonmasse, jeder Muskel wird benötigt und eingesetzt. Mit motorischer Hingabe knetet und klopft das Kind seine momentane Emotionalität, seine Wut, seine Erregtheit, seine Verzweiflung oder auch seine ausgelassene Freude in die Tonmasse hinein.

Das heißt:

Durch das Tonklopfen kann das Kind tiefsitzende Spannungszustände verlieren und ein Katharsisgefühl erleben.

Häufig werden Kinder durch das teilweise „monotone" Tonklopfen in ein rhythmisches Spannungsfeld versetzt. Sie beginnen nach einiger Zeit, gemeinsam zu klopfen, und bemühen sich, einen Klopfrhythmus herzustellen.
Kleine Kinder reagieren in solchen Situationen oftmals positiv, wenn das Klopfen durch begleitende Sprüche aufgeheitert wird. Zum Beispiel:

„Bumm, bumm, dideldum,
klopfen wir den Ton jetzt rum."

„Mach mit Krach
den Ton ganz flach!"

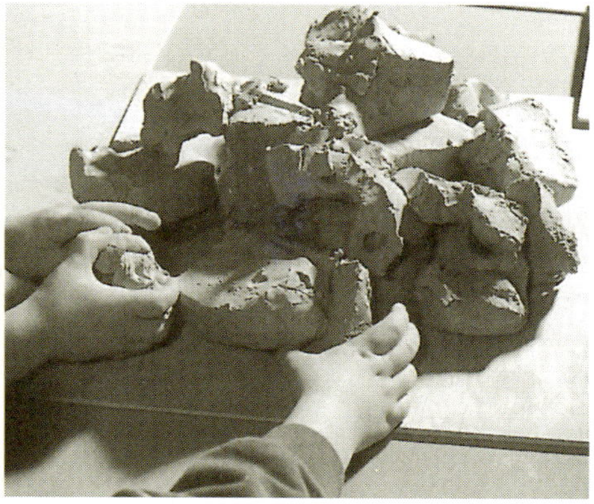

Ton, ein starkes Material!

Ton ist ein Gestaltungsmaterial, das dem starken Bedürfnis der Kinder nach Bewegung entgegenkommt. Kein anderes Material spricht den gesamten Sinnbereich des Kindes durch seine Besonderheit so an wie Ton. Beim Spiel mit Ton muß immer auch körperlich agiert werden.

Das heißt:

Das Spielen mit Ton spricht die Gesamtmotorik des Kindes an. Somit sind fein- wie auch grobmotorische Erlebnisse beim Spielen mit Ton vorgegeben.

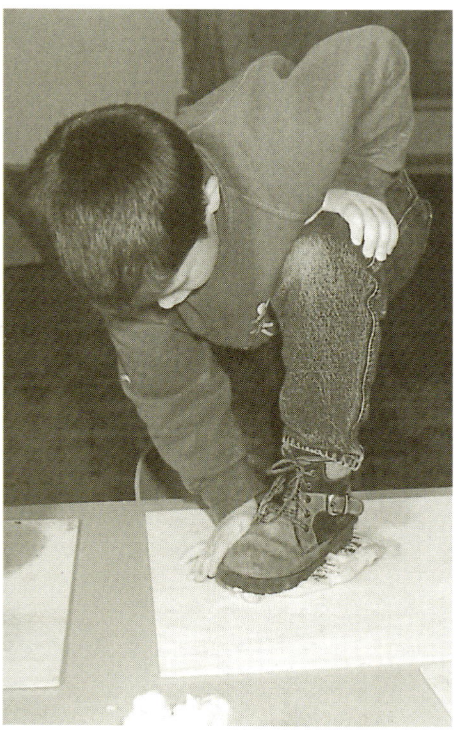

Kreatives Denken und taktiles (den Tastsinn ansprechendes) Handeln sind im Umgang mit Ton eng miteinander verknüpft. Eine Idee wird mit den eigenen Händen umgesetzt und praktisch ausgeführt. Taktiles Handeln wiederum begünstigt neue kreative Gedanken.

Über das Greifen erfolgt das Begreifen der Dinge. Motorische Betätigung führt zur geistigen Auseinandersetzung. Das auf den Tastsinn ausgerichtete Tätigwerden mit dem Ton führt unweigerlich zur Begriffserweiterung im Kindesalter.

Auf spielerische Weise erproben die Kinder ihre Körperkräfte. Finger, Hände, Arme und Schultern sind primär beteiligt, wenn mit dem Material gespielt wird. Füße, Zehen, Nase und Kinn können aber ebenso aktiv mit einbezogen werden: Zum Beispiel beim Abdrucken von Körperteilen in den plattgedrückten Ton oder beim „Spurenlegen" (Fußabdrücke) in große Tonplatten.

Über ihre motorischen Leistungen erfahren die Kinder ein differenziertes Raumgefühl. Begriffe wie hoch, tief, oben, unten, innen und außen werden über die motorische Betätigung mit dem Material praktisch erfahrbar und verinnerlicht.

Der stete Wechsel zwischen Muskelanspannung und -entspannung kommt gerade körperlich sehr aktiven und teilweise aggressiven Kindern entgegen.

Da zu der körperlichen Entspannung auch eine psychische hinzukommt – Frust, Ärger und Wut können in den Ton 'geschlagen' werden –, erfahren viele Kinder eine Befreiung innerer Spannungen. Körperliche Entspannung bewirkt psychische Ausgeglichenheit.

Ton besitzt Aufforderungscharakter:

Motorisch unmotivierte Kinder werden über das Material animiert, sich zu betätigen. Sie können ganz neue Bewegungserfahrungen sammeln, die ihnen Mut geben, körperlich aktiv und auch sicherer zu werden. Aus diesem Grunde ist das Spielen mit Ton eine gute Möglichkeit der „Einzelfallhilfe" und eine Methode, gezielt auf bestimmte Auffälligkeiten und Störungen auch im motorischen Bereich der Kinder einzugehen und dort hilfreich zu intervenieren.

Der hohe Aufforderungscharakter des Materials Ton läßt Kinder ihre Bewegungen bewußt erleben und läßt sie neue Bewegungserfahrungen sammeln.

Voraussetzung für ein erfolgreiches Arbeiten mit Ton ist der spielerische, experimentelle Ansatz.
Gehe ich davon aus, Ton als bewegungserweiterndes Material einzusetzen, sollten keine ästhetischen Gestaltungsfaktoren im Vordergrund des Handelns stehen.

Das heißt:

Möchte ich Kindern motorisch helfen, setze ich bei den Grundbedürfnissen der Kinder an: Der Wunsch zu spielen, sich zu bewegen und zu experimentieren, kann vom Material Ton voll befriedigt werden. Erzieherisches Eingreifen ist kaum nötig, im Gegenteil: sensible Zurückhaltung ist eine Bedingung von Anfang an. Das Kind selbst bestimmt die Intensität und das Tempo der Erfahrungen, die es sammelt.

Nicht das Endprodukt ist entscheidend, sondern der Weg dorthin.

Ähnlich wie beim Funktionsspiel des Kleinkindes wird eine motorische Erfahrung so lange wiederholt, bis sich das Kind seines

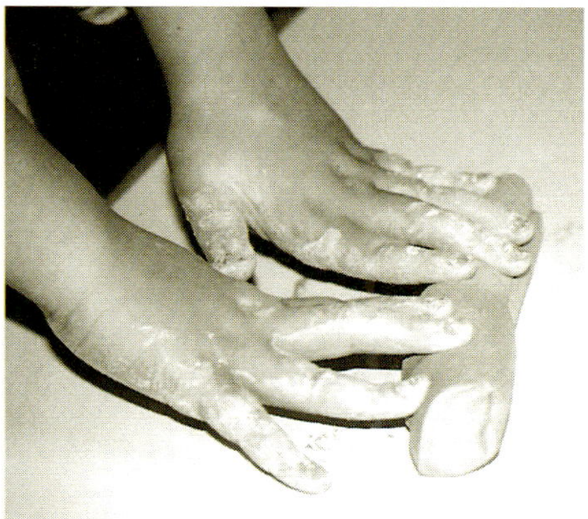

Bewegungsablaufes sicher ist. Zum Beispiel rollen Kinder mit großer Freude Tonwürste, kneten sie wieder zusammen und beginnen erneut, Würste zu rollen. Erst wenn ihnen durch die praktische Tätigkeit des Rollens ihre eigene motorische Leistung bewußt geworden ist (Handfläche gerade halten, Druck gleichmäßig ausüben usw.), wenden sie sich anderen Aufgaben zu.

Die Beschaffenheit des Materials und die eigenen Fertigkeiten und Fähigkeiten schaffen wie von selbst Grenzen. Der hohe Aufforderungscharakter des Tons spornt jedoch zur Überwindung gerade auch motorischer Barrieren an.

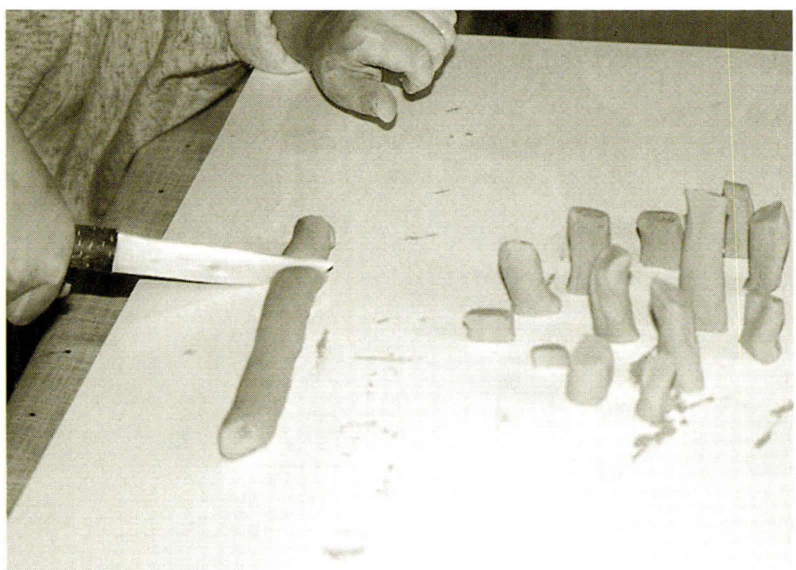

Motorische Erfahrungen, die im Spiel mit Ton gesammelt werden

1. Schmieren und Matschen

- Die Kinder kneten den Ton unspezifisch.
- Sie bestreichen ihren Ton mit Wasser.
- Der Ton wird in den Händen „verschmiert", die „Tonhände" können auf einem großen Bogen Papier abgestrichen werden.
- Die Kinder erstellen mit ihren „Tonhänden" Finger- und Handabdrücke oder tupfen mit den Fingern Muster auf das Papier. (Alle Betätigungen können ebenso mit den Füßen und Zehen ausgeführt werden.)

Feinmotorische Erfahrungen:

- Bewegung und Betätigung von Händen und Fingern.
- Einüben bestimmter Bewegungsabläufe und neuer Bewegungsarten.
- Spaß an feinmotorischer Tätigkeit.
- Vermittlung eines positiven Körpergefühls über den Einsatz der Hände und Finger.
- Spannungen und Konflikte können abgebaut werden.

Grobmotorische Erfahrungen:

- Der Bewegungsdrang des Kindes wird berücksichtigt, indem die Kinder bei der Ausführung der Tätigkeiten nicht still am Tisch sitzen, sondern stehend, hüpfend, kniend usw. agieren können.

2. Schlagen und Kneten

- Die Kinder schlagen den Ton ausdauernd auf bereitliegende Holzbretter.
- Die einsetzende rhythmische Klopfart kann durch Hersagen von Reimen verstärkt werden. Zum Beispiel: „Mach mit Krach den Ton ganz flach!"
- Mit ihren Händen und Fäusten wird der Ton ganz „glatt" geschlagen.

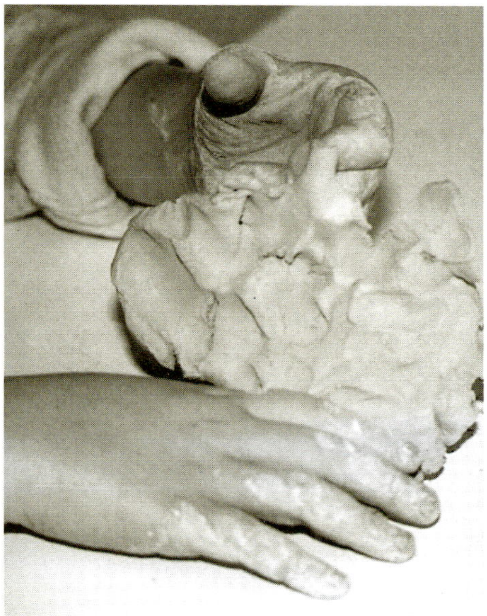

- Kinder kneten lustvoll den Ton in ihren Händen.
- Beim Kneten wird der Ton durch die Finger gedrückt. Es entstehen „Fingerdruckklumpen".

Feinmotorische Erfahrungen:

- Finger und Hände werden gekräftigt.
- Bestimmte Bewegungsschemata werden gebildet (Klopfen und Kneten).
- Der Tastsinn wird sensibilisiert, z.B. beim Streichen über die glatte Tonfläche.
- Anspannung und Entspannung wechseln sich ab.
- Die durch die Entspannung bewirkte Beruhigung schafft die Voraussetzung für konzentriertes Arbeiten.

Grobmotorische Erfahrungen:

- Es wird ein ganzkörperliches Abreagieren ermöglicht; beim Tonklopfen wird die gesamte Motorik (z.B. durch Hüpfen) angesprochen.

3. Formen

- Kinder rollen Tonwürste.
- Sie erstellen mit beiden Händen Kugeln.
- Kinder formen zunächst nichtfigürliche Gegenstände, später gestalten sie dann figürliche Nachbildungen.

Motorische Erfahrungen:

- Es findet eine Sensibilisierung der Hände und Finger statt.
- Der Tastsinn der Hände wird durch die Körnung des Tones empfindsamer.
- Tastsinn und visuelle Aufnahmen reagieren miteinander und schöpfen dadurch neue Formen.
- Kinder erlangen eine Kontrolle über ihre Bewegungen.

- Die Koordination zwischen Augen, Händen und Fingern wird verbessert.
- Die Einbeziehung des gesamten Menschen findet im Formen ihre Berücksichtigung.
- Der geistige Impuls führt zum eigenen Willen und aktiviert Hände und Finger.
- Bewegungsmuster werden eingeübt und automatisiert.

Fazit:

Ton kann als ein kindgemäßes Material angesehen werden, weil es kindlichen Bedürfnissen stark entgegenkommt und entwicklungsfördernd wirkt. Entwicklungsdefizite, insbesondere motorischer Art, können durch das Spielen mit Ton gezielt verbessert werden.

Ton läßt sich preiswert über Töpfereien oder Ziegeleien beziehen. Es ist ein reines Material ohne chemische Zusätze. Alle Spuren lassen sich ganz einfach wegbürsten oder mit Wasser auswaschen. Mit Ton kann immer gespielt werden. Er muß nicht gebrannt werden und ist im ungebrannten Zustand wiederverwertbar.

Das Erleben beim Anrühren des Materials

Es ist in jedem Fall nützlich und ratsam, den Kindern die Beschaffenheit des Materials durch selbständiges Bereiten der Tonmasse zu verdeutlichen.

Die beiden Naturelemente Tonmehl, gewonnen aus bestimmten Erdschichten, und Wasser werden durch eigene, kindliche Energie zur geschmeidigen, formbaren und veränderbaren Töpfermasse. Weder maschinelle noch chemische Hilfs- oder Zusatzmittel sind notwendig. Alleine der kindliche Einsatz bewirkt ein positives Verändern dieser Elemente und ein Vereinigen zweier voneinander unabhängiger Stoffe zu einem Material.

Wichtig!

Kinder erfahren somit, daß sie im Besitz wertvoller Energie sind und daß deren Einsatz zu einem Erfolgserlebnis führen kann. Geschieht dies durch praktische Erfahrung, also reale Betätigung, ist dem kindgemäßen Lernen Rechnung getragen und ein Lernerfolg fast schon sicher.

Weiterhin kommt das Erleben und aktive Mitmachen des Anrührens der ganzheitlichen und ganzkörperlichen Lernweise des Kindes entgegen. Das Anrühren mit Händen und Armen geschieht in großen Behältern, großen Eimern oder Schüsseln (besonders geeignet sind alte Babybadewannen). Dazu werden große Knüppel oder Stöcke benutzt, wobei das Holz als weiteres Naturelement hinzugezogen wird.
Können ferner Füße und Beine an dem Prozeß teilnehmen, so wird das mechanische Tun zum körperlichen, freudvollen Begreifen des Materials.

Diese Auseinandersetzung mit dem Ton und das intensive Kennenlernen desselben kann weitergeführt werden, indem man den Kindern Möglichkeiten zum Experimentieren läßt. Denkbar wäre zum Beispiel, mit den schon durch das Anrühren des Tons „eingetonten" Fingern und Füßen Abdrücke zu erstellen.
Zur Aufnahme der Abdrücke besonders geeignet sind große Bögen saugfähigen Papieres oder saugfähiger Pappe, die auf

dem Boden ausgelegt werden. Findet eine solche Aktion im Freien statt, können Steinplatten einen ähnlichen Zweck erfüllen.

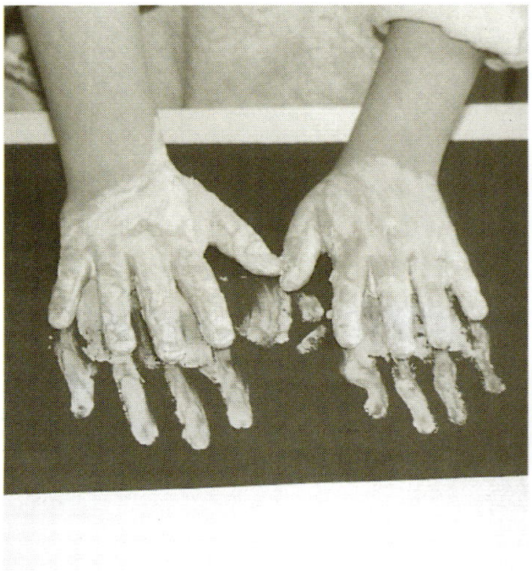

Durch das unbeschwerte Ausleben genüßlicher Emotionen beim Anrühren des Tones bildet sich beim Kind so ganz nebenbei eine positive Einstellung zum Material Ton.
Auch Sachzusammenhänge werden direkt zugänglich. So erfahren die Kinder zum Beispiel, daß es etwas Zeit benötigt, bis der Ton an den Füßen getrocknet ist. Diesen Trockenvorgang können sie aber beschleunigen, wenn sie ihre Füße vorher in die Sonne halten, d. h. „aufheizen". Auch die Tatsache, daß Ton beim Trocknen hart wird und zerbröseln kann, ist für die Kinder jetzt besser nachzuvollziehen.

Beim Trocknen des Tones können die Kinder aber nicht nur eine Veränderung der Konsistenz feststellen, sondern auch eine Wandlung des farblichen Erscheinungsbildes. So wird zum Beispiel grauer Ton beim Trocknen fast weiß und gelber Ton erhält einen hellen Ocker-Farbton. Ton kann aber auch wieder in seinen Urzustand, zu Gesteinsmehl, zerfallen. Erleben die Kinder diese Umwandlung hautnah mit und nehmen sie diese wahr, ist durchaus auch das Bewußtmachen der Vergänglichkeit der Natur möglich.

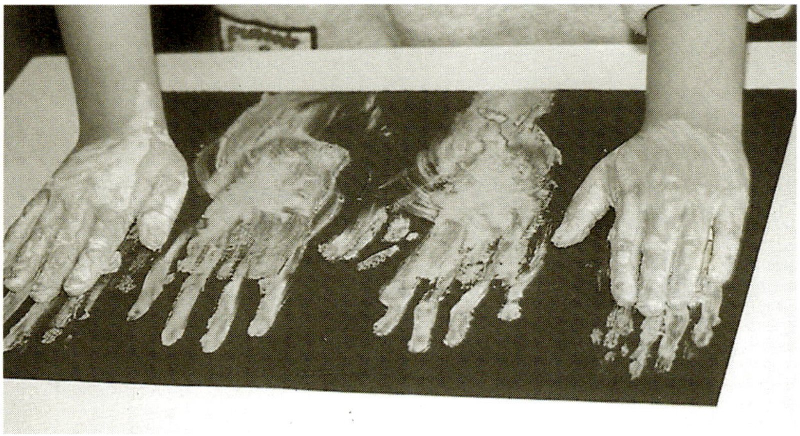

Spuren im Ton

Nachdem die Kinder erfahren haben, daß Ton nicht nur mit den Händen bearbeitet werden kann, soll ihnen ein weiterer neuer Weg im Spiel mit diesem Material eröffnet werden. Dieses Aufzeigen eines „neuen Weges" ist hier gleichfalls symbolisch zu sehen. „Aufzeigen eines Weges" impliziert – auf die allgemeinen Lebenssituationen bezogen – Gedanken wie „Ich gehe meinen Weg"; „Es geht weiter"; „Es gibt einen Weg" oder, bezogen auf das Spiel mit dem Material Ton, „Ich entwickle mich mit diesem Material"; „Ich finde weitere Möglichkeiten, mich mit diesem Material auszudrücken" oder „Meinen Spielmöglichkeiten sind keine Grenzen gesetzt."

Umsetzen läßt sich das Spiel „Wir gehen unseren Weg im Ton" oder „Wir gestalten unsere Straße", indem leicht angetrocknete Tonmasse in einen „Rahmen" gefüllt wird. Dieser Rahmen kann ganz einfach aus Karton hergestellt oder – etwas stabiler – aus einer großen Holzplatte mit Leisten gebaut werden.
Eine andere Möglichkeit besteht darin, die schon fertige Tonmasse auf dem Boden gemeinsam mit Holzrollen auszurollen. Unebenheiten sind dabei willkommene Belebungselemente.

Anmerkung:

Es ist zu bemerken, daß bereits dieses gemeinsame Ausrollen der Tonmasse auf Kinder einen intensiven Reiz ausübt und zeitlich deshalb nicht begrenzt werden darf!

Neben Fußabdrücken, die jedes Kind nun in den Ton tritt, können eventuell Naturelemente wie Steine, Tannenzapfen, Muscheln oder auch Spielzeug aus dem Kindergarten einbezogen werden. Hierbei werden bei Kindern Assoziationen geweckt – wie „Wir gehen durch den Wald" oder „Wir laufen am Strand entlang".
Die entsprechenden Zusatzmaterialien erhalten einen besonderen Reiz, wenn sie von den Kindern selbst gesammelt oder mitgebracht werden können.
Es ist möglich, einen Weg gemeinsam zu gehen, oder jedes Kind gestaltet sich seinen „eigenen" Weg. Wird das Geschehen in Worte gekleidet, so kann dies zur Realitätsbewältigung, eventuell sogar

zur Problembewältigung beitragen. Denn durch das Gehen des Weges können Ereignisse wieder erlebt oder wieder empfunden – und damit aufgearbeitet und bewältigt werden.

Das symbolische Gestalten des „eigenen Weges" trägt zur Stärkung und Bildung des Selbstwertgefühles bei. Durch das Trocknen des Tones bleiben die Fußspuren und Belebungselemente eine Zeitlang haltbar und können für alle zugänglich und sichtbar gemacht werden. Das Aufstellen der erstellten Straße bietet sich eventuell in der Eingangshalle der Einrichtung an.

Die Tatsache, daß die Straße nicht auf Dauer haltbar ist, bald zerfällt und wieder zu gebrauchsfertiger Tonmasse verarbeitet werden kann, führt bei den Kindern nicht zu Problemen. Auch ihr Weg verändert sich, ihre Perspektiven erweitern sich, neue Erlebnisse und Erfahrungen kommen hinzu. Somit verliert das Vergangene, zumal bereits verarbeitet, an Bedeutung.

Variation für Erwachsene:

So trat in einem Fortbildungskurs eine Erzieherin mutig einen Fußabdruck in den Ton. Die Dynamik wurde noch unterstrichen, indem sie ein Spielzeugverkehrsschild „Vorfahrtsstraße" dazusteckte. Ein Stück weiter des Weges allerdings baute sie einzelne Steine und das Verkehrszeichen „Achtung Baustelle" in den Weg ein. Dies sollte nichts anderes bedeuten, als „Ich möchte gerne Ton als kindgemäßes Material kennenlernen oder akzeptieren, befürchte aber, daß einige „Felsbrocken" beseitigt werden müssen, damit ich erfolgreich sein kann".
Um nicht total resigniert zu erscheinen, stellte sie später auf ein äußerst intensiv „planiertes" Stück des Weges das Schild „Autobahn" auf. Dieses symbolisierte Hoffnung auf gutes Vorankommen und Gelingen.

Für Jugendliche und Erwachsene bietet es sich an, bestimmte Symbole oder auch Begriffe, auf Kärtchen geschrieben, in die Straße einzubeziehen.

Eine andere Möglichkeit besteht darin, eine erfundene Bildergeschichte im und mit Ton zu gestalten. Als Anregung können hier Bilderbücher oder kleine Geschichten dienen.

Oftmals reicht es schon aus, wenn die Kinder in der ausgerollten Tonplatte einen Hand- oder Fußabdruck finden und sich dann gemeinsam überlegen, wie dieser Abdruck dorthin gekommen sein könnte und was nun weiter geschehen soll.

Weitere effektvolle Geschichten lassen sich durch Spurendrücken (Daumen) in ausgerollte Tonplatten verwirklichen. Nach dem gemeinsamen, nicht zu dünnen Ausrollen der Tonplatten werden mit sogenannten wertfreien Materialien wie Verpackungen, Korken, Flaschendeckeln und vielem mehr Spuren in den Ton gedrückt und dadurch eine Geschichte von den Erstellern erzählt.

Diese Angebotsform läßt sich als Einzelarbeit, Partnerarbeit oder auch als Gemeinschaftsarbeit durchführen.

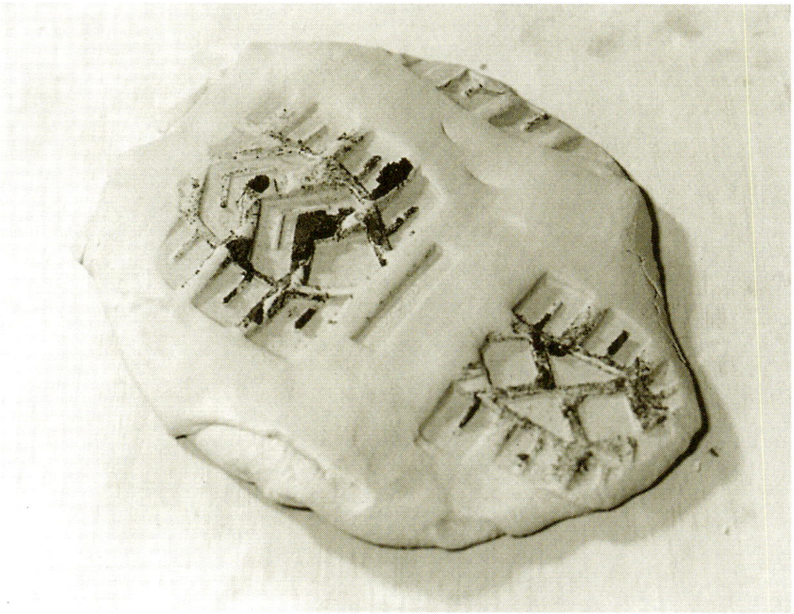

Tontröpfeleien

Durch dieses Spiel wird das Kind in die Lage versetzt, einfache Elemente (Ton und Wasser) lebendig zu formen. Ton und Wasser „tröpfeln" durch die Finger und werden so spielerisch zu unterschiedlichen Formen. Das was aus den Fingern gleitet, ist nicht verloren, sondern kann zu Objekten der kindlichen Vorstellungskraft werden.
Ton und Wasser entgleiten nur scheinbar den Fingern der Kinder und werden mit Hilfe innerer Kräfte strukturiert. Hier kann wieder lebensnotwendige Frustrationstoleranz erzeugt werden, und die Möglichkeit des Veränderns durch innere Kraft und Willen wird sichtbar. Diese Art des Spielens mit Ton ist vergleichbar mit den Sandtröpfeleien an Urlaubsstränden.

Stehen dem Kind Sand und Wasser zur Verfügung, so kommt es zu dieser Art des Spiels gleichsam automatisch, aus einem inneren Drang heraus.

Hinweis:

Durch das Beimengen von ein wenig Tapetenkleister läßt sich sogar eine begrenzte Haltbarkeit der Tröpfeleien erzeugen!

Als Anreiz reicht es oft schon, als Mitspieler dieses Spiel zu beginnen. Getröpfelt werden dann von den Kindern skurrile Landschaften, fantasievolle Gebäude oder auch nur gegenstandslose Gebilde der Fantasie. Erinnert wird man bei der Betrachtung dieser Objekte an Träume oder Märchenwälder. Oftmals kann man über das Erzählen anregender Geschichten aus dem fantastischen Bereich Kinder für solche Tätigkeiten begeistern. Die Kinder besitzen die Fähigkeit, diese Geschichten weiterzuerzählen und auszubauen, da sie über das gleichzeitige Tun immer neue Anregungen bekommen.

Dadurch, daß die einzelnen Objekte der Kinder oft zusammengefügt oder zusammengetröpfelt werden, erhält dieses Spiel einen hohen sozialen Stellenwert. Leicht entsteht eine Gemeinschaftsaktion mit gruppenfördernden Aspekten. Auch hier ist der nichtdirektive Erstellungsprozeß mit zufälligem Gemeinschaftserlebnis von großer Bedeutung. Allein die Ausübung des Spiels führt die Kinder zu solch einem Ergebnis und nicht das dirigistische Eingreifen oder Bestimmen des Erwachsenen.

Die getröpfelten Traumbilder sind nur von zeitlich begrenzter Schönheit, auch sie zerfallen und vergehen. Da sie für Kinder aus einer momentanen Idee heraus entstanden sind, verlieren sie bald ihren Reiz. Spätere Fantasievorstellungen werden in anderer Form ausgelebt.

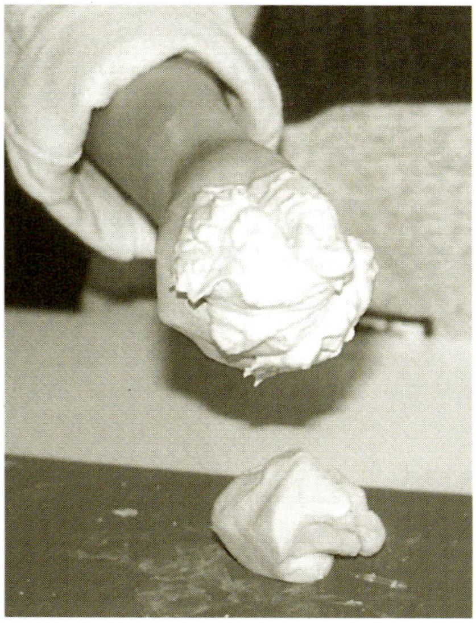

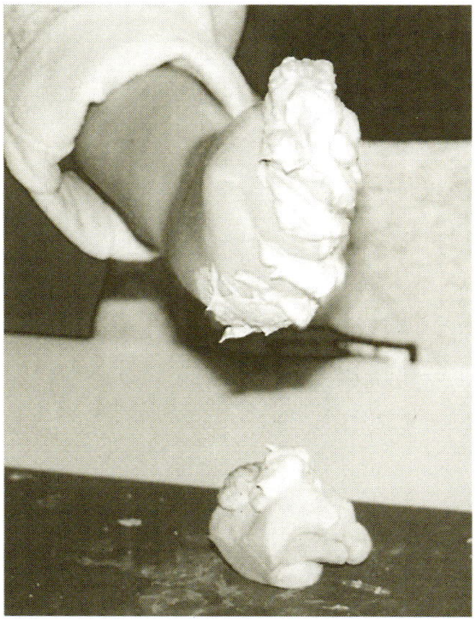

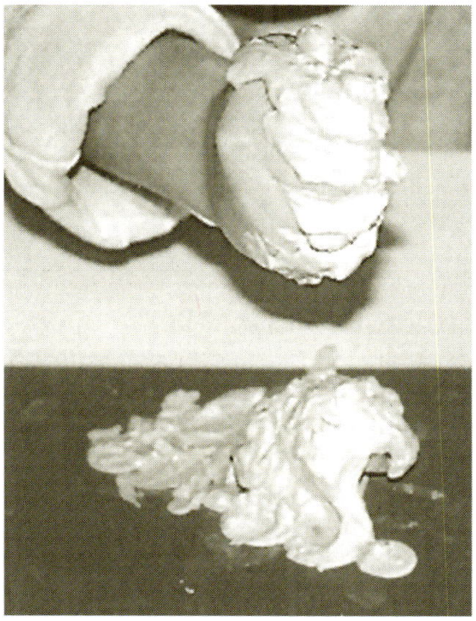

Wie die Löcher in den „Käse“ kommen oder: Vom Durchstoßen und Durchbohren

Kinder haben in einer bestimmten Altersphase ein unbändiges Bedürfnis, Dinge zu durchstoßen oder zu durchbohren. Sei es, daß sie mit dem Malstift solange in das Papier stoßen, bis es an der bearbeiteten Stelle „durchsichtig“ geworden ist, sei es, daß sie mit den Händen von beiden Seiten die Sandburg untergraben, bis sich die Hände tief unter der Burg treffen. Oft wird auch die schmackhafte Scheibe Brot mit den Fingern „durchgepult“ und zum Fernglas oder zur Fotokamera umfunktioniert, bevor sie aufgegessen wird. Sicherlich finden sich noch viele andere Beispiele, die auf die Lust des Kindes zu derartigen Beschäftigungen hinweisen.

Ton eignet sich durch seine Beschaffenheit (weich, feucht und formbar) besonders gut für solche Tätigkeiten. Manche Kinder erstellen große „Löcherkäse“. Andere neigen dazu, aus einem sehr großen Klumpen Ton einen Regenwurmwald zu bauen.

So konnte ich zum Beispiel bei einer meiner Tonaktionen mit Kindern beobachten, daß mein Hinweis „Ich habe auf dem Weg zum Kindergarten eine Maus gesehen, die sich einen Gang durch einen Erdhügel grub“ die Kinder sofort zu entsprechenden lebhaften Tätigkeiten anregte.
Sie begannen mit wahrer Begeisterung, „Mäuseberge“ aus Ton zu formen. Diese Berge wurden durchgraben und durchbohrt. Trafen sich die Hände oder Finger der auf dem Boden liegenden Kinder zufällig unter dem Hügel, freuten sich die beteiligten Kinder über diese zufällige Überraschung.

Ohne großes bewußtes Eingreifen wurden die „Mäusehügel“ durch „Tonmäuse“ und anderes „Tongetier“ erweitert.
Nachdem auch Regenwürmer in diese Landschaft einbezogen wurden, ergriff ich die Gelegenheit, steckte einen „Tonwurm“ in meine Hosentasche, so daß er auf einer Seite noch herausragte, und sang mit den Kindern gemeinsam ein Regenwurmlied.

Der Text des Liedes, den ich zu der Melodie von „Alle meine Entchen ..." sang, fiel mir damals ganz spontan ein und bestand nur aus einigen wenigen Wörtern. Sicherlich wird jede Erzieherin in der Lage sein, aus dem Stegreif heraus selbst ein kleines Liedchen, passend zur jeweiligen Töpferaktion, zu texten, weshalb ich ganz bewußt auf eine Wiedergabe meines Liedes hier im Buch verzichte. Vielleicht befinden sich unter Ihren Kindern sogar richtig kleine „Dichter", die Ihnen beim Texten behilflich sind.

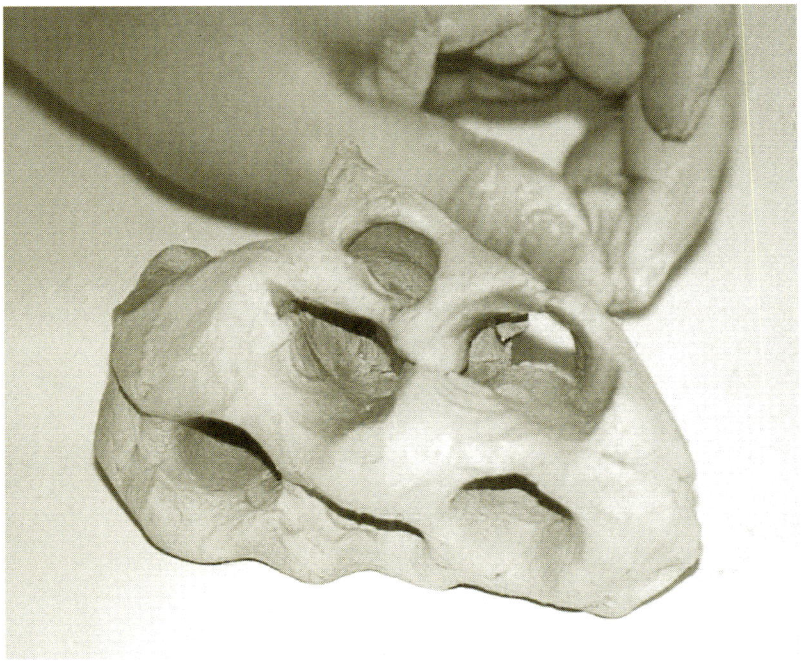

Vom Ausrollen und Plattklopfen

Nach der lustvollen Betätigung des Tonklopfens oder Schlagens ist es als logische Handlungsabfolge des Kindes anzusehen, den Tonklumpen mit der Faust oder Handfläche „plattzuklopfen". Hierbei entstehen zufällige Tonstrukturen und Muster, die aufgegriffen, erweitert und verfeinert werden können.

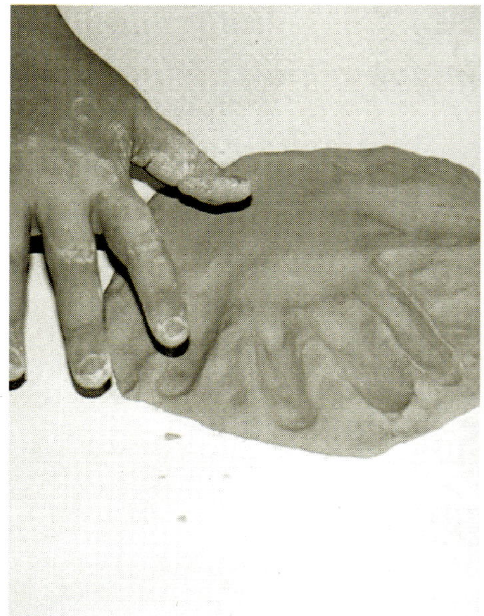

So lassen sich mit Fingern, Fingernägeln oder Fingerknöcheln fantasievolle Muster erstellen. In sehr weichen Ton läßt sich gut und einfach die Hand eindrücken. Das angenehme Gefühl der wegdrängenden Tonmasse oder das Hervorquellen der Tonmasse zwischen den einzelnen Fingern läßt die Kinder Erfahrungen sammeln, die mit ihrer analen Phase und allem, was damit zusammenhängt, in Verbindung gebracht werden können. So lassen sich auch hier bei Entwicklungsverzögerungen oder Entwicklungsstörungen durch das Nacherleben einzelner Bereiche dieser Phase eventuell Defizite ausgleichen.

Defizite ausgleichen:

Ton läßt sich nicht nur „plattklopfen", sondern ebenso wie Kuchenteig ausrollen. Hierzu eignen sich neben Teigrollen Rundhölzer mit einem Durchmesser von drei bis vier Zentimetern oder stabile runde Dosen.

Die Lust der Kinder am Ausrollen läßt sich schon beim Kuchenbacken beobachten. Das Ausrollen des Tons erfordert intensiven körperlichen Einsatz, was wiederum der stark ausgeprägten Motorik des Kindes entgegenkommt. Vielen Kindern genügt das Tonausrollen schon als Selbstzweck. Sie rollen aus, formen den ausgerollten Teig wieder zu einem Tonklumpen, um ihn dann erneut auszurollen. Diese Tätigkeiten wiederholen sie dann so lange, bis ihnen die Funktion und Technik bewußt geworden sind.

Bedauerlicherweise ist der kindliche Aktionsradius gerade bei Stadtkindern heutzutage stark eingeschränkt. Vielen Kindern entgehen somit Erfahrungen durch das Spiel mit Sand, Erde, Schlamm und Pfützen. Durch die spielerische Betätigung mit Ton können auch hier Defizite ausgeglichen werden.

Ausbauen bzw. ergänzen läßt sich das „Plattklopfen" des Tons durch das Eindrücken unterschiedlicher Alltagsgegenstände. Auch hier sollte ein gezieltes Anleiten der Kinder unterbleiben und die Kreativität lediglich durch eine reichliche Auswahl von „Druckmaterialien" angeregt werden.

Unbedingt notwendig ist es, unter die auszurollende Tonplatte Zeitungspapier zu legen, da so ein Festkleben des ausgerollten Tones auf der Tischplatte vermieden werden kann.

Das Schloß der Prinzessin

Kaum daß ich eine Tonkugel mit eingeritzten „Augen", mit „Nase" und „Mund" auf meinem Zeigefinger gesetzt hatte und diese „Fingerpuppe" auf den Namen Violetta taufte, machten die Kinder sie zur Prinzessin. Diese spontane Rollenzuteilung durch die Kinder nutzte ich, um ihnen eine kleine Geschichte über Violetta zu erzählen: Violetta hatte sich im Wald verlaufen und war nun traurig und verzweifelt, weil sie ihr Schloß nicht mehr finden konnte ...

Diese Schilderung von Violettas Schicksal veranlaßte die Kinder zu folgender Reaktion: Zuerst begannen sie, aus dem bereitliegenden Ton Fingerpuppen zu formen. Danach gaben sie auch ihren Fingerpuppen Namen und stellten sie als Freunde der Prinzessin vor. Diese „Vorstellungsgespräche" sorgten für eine sehr ausgelassene Stimmung unter den Kindern, was dazu führte, daß alle gemeinsam beschlossen, eine neue Burg zu bauen, in der alle Freunde der Prinzessin einen Platz zum Wohnen haben sollten.

Die Vorstellungskraft der Kinder wurde durch die eigenen Erzählungen von gesehenen Schlössern und Burgen erweitert. Hilfreich waren auch die Erzählungen der Prinzessin (wurde von mir gespielt), die beschrieb, wie ihre Burg ausgesehen hatte. Ganz besonders gut hatte ihr immer der hohe Burgturm gefallen, von dem aus sie weit ins Land schauen konnte. Dieser Burgturm war schließlich Ausgangspunkt einer von den Kindern erstellten Burganlage.

Viele Türme (Walzen und Wülste) wurden durch Brücken und Mauern miteinander verbunden. Schließlich wurde die Burg mit den gesammelten Naturmaterialien verschönert und erhielt dadurch einen verwunschenen Charakter.

Sand wurde auf Wege gestreut, große Steine stellten Felsen dar, und Blätter oder kleine Zweige wuchsen, in Ton gesteckt, zu einem großen Wald heran. Einige Kinder gestalteten durch das Reiben bunter Tafelkreide über rauhe Steine die Burg an manchen Stellen farblich.

Nachdem der „Bau" der Burganlage beendet war, durfte Prinzessin Violetta als erstes den hohen Turm betreten. Danach suchten sich all ihre Freunde einen Platz in der Burg.

Die Burganlage wurde an einem gut zugänglichen Platz aufgestellt und war weiterhin Mittelpunkt intensiver Spiele.

Aktionen mit Kugeln

Den feuchten Ton in den Händen zu formen und zu modellieren, bereitet den Kindern ein angenehmes Körpergefühl und dadurch Freude. Besonders beliebt ist das andauernde Formen von glatten, geschmeidigen Kugeln zwischen ihren Händen. Dabei kann man beobachten, daß die Kinder die Kugel immer wieder mit Wasser befeuchten, um sie noch glatter zu bekommen.

Die Kinder betasten, befühlen und streicheln ihre Kugel. Sie halten diese feuchte geschmeidige Kugel an ihre Wangen und an die Wangen des Nachbarn und äußern hierzu Wohlbehagen.

Dieser so anscheinend belanglosen Beschäftigung sollte eine große Zeitspanne eingeräumt werden, da die Kinder durch dieses angenehme Gefühl, das die Kugel auslöst, sehr positiv gestimmt werden. In der Regel ist es auch so, daß die Kinder die Tätigkeit von selbst unterbrechen, wenn sie „genug" davon haben.

Aus einem unförmigen Klumpen Ton entsteht etwas Rundes, Angenehmes. Die Kugel kann begriffen werden als ein Körper, der sich bewegt, rollt, davonrollt und wiederkommt, wegbleibt und wiedergefunden wird.
Parallelen zum kindlichen Entwicklungsprozeß werden hier deutlich. Ein Kind wird mit viel Liebe und Zärtlichkeit zu einem „Körper", der sich „bewegt" und „wegbewegt", „gefunden", „getragen" und lenkend in bestimmte Richtungen „gerollt" wird. Ebenso ist das Kind wie die Kugel ein aus vielen Möglichkeiten zusammengefügtes Ganzes.

Wie die Kugel mit Hilfe des Kindes zu einem angenehmen, „handschmeichelnden" Körper werden kann, so kann sich auch das Kind mit Hilfe einer liebevollen Bezugsperson zu einem angenehmen erwachsenen Menschen entwickeln.

1. Blumentopf- und Fensterbrettkugeln

Die in den Händen der Kinder mit viel Ausdauer und lustvoller Hingabe modellierten Tonkugeln eignen sich hervorragend zu fantasievollem Fensterbrett- oder Blumentopfschmuck.

Durch unterschiedliche Größen oder unterschiedliche Tonfarben entstehen Landschaften und Stilleben. Diese Landschaften bieten die Möglichkeit, je nach Lust und Ideenreichtum der Kinder ergänzt und erweitert zu werden.
So können die Kinder die einfarbigen Tonkugeln noch durch buntbemalte Kugeln ergänzen. Ferner lassen sich einfache, aus der Kugel abgeleitete Formen zu weiteren Gegenständen der Natur zusammenfügen und das Landschaftsbild ergänzen.

Aus zwei aufeinandergesetzten Kugeln können beispielsweise ausdrucksstarke Pilze entstehen, die sich harmonisch in die Steinlandschaft einbeziehen lassen und diese beleben.
Auch Schildkröten, Vögel und Schnecken lassen sich relativ einfach aus der Grundform Kugel entwickeln.

Vorteilhaft an der Fensterbrettgestaltung in dieser Art ist, daß den Tongegenständen (Kugeln, Tiere usw.) die Topfpflanzen sowie auch andere Naturmaterialien hinzugefügt werden können.
Über das Ergebnis der so faszinierenden Landschaften werden hauptsächlich die Erwachsenen erstaunt sein, die bisher das Kugelformen als nutzlose, verspielte Handlung des Kindes angesehen haben.

2. Fantastisches Kugelwerk

In Gemeinschaftsarbeit werden Tonkugeln unterschiedlicher Farbe und Größe mit Tonschlicker zusammengesetzt. Tonschlicker ist eine breiige Flüssigkeit, die durch in Wasser aufgelösten Ton zustande kommt; sie besitzt Binde- und Haftfähigkeit.

Das so entstandene Werk wird nicht nur ein Fantasiespiel sein, sondern unterliegt auch strengen statischen Gesetzmäßigkeiten. Das fertige Kugelwerk kann in den ursprünglichen Tonfarben belassen oder nach Lust und Laune bemalt und verziert werden.

Da Kinder im Kindergartenalter und auch noch etwas später dazu neigen, stereotype Gegenständlichkeit in ihre Bilder zu geben, kommt diesem Spiel die Funktion zu, nichtgegenständliche, abstrakte Strukturen den Kindern zugänglich zu machen.

3. Kugelberge

Kugelberge sind Berge aus Ton, von Kindern geschaffen und als Spielzeug geeignet. Sie besitzen eine Dynamik, da sie sich „bewegen" und „verändern".

Sie sind aus den Elementen der beiden vorher genannten Bereiche geschaffen. Dazu liegt ein großer Klumpen Ton auf dem vorbereiteten Fußboden. Die Kinder sitzen um den Tonklumpen herum und bekommen die Möglichkeit, einen Berg zu erstellen, von dem Kugeln herunterrollen können.

Da die Anforderungen durch ein Differenzieren des Schwierigkeitsgrades allen Kindern gerecht werden, fühlen sich alle Kinder gleichsam angesprochen und motiviert. Es werden gewiß viele unterschiedliche „Kugelberge" mit hohem Spielwert entstehen, denn alleine schon Kugeln eine gerade Strecke herunterkullern zu lassen, bereitet Kindern sehr viel Spaß.

Je nach Fähigkeit und Bedürfnis der Kinder kann dieses „Kugelwerk" von den Kindern erweitert werden. Vorher genannte Gestaltungselemente wie bunte Steine, Pilze, Schnecken usw. können zur Belebung des Berges beitragen und Kinder zu einem intensiven Rollenspiel anregen!

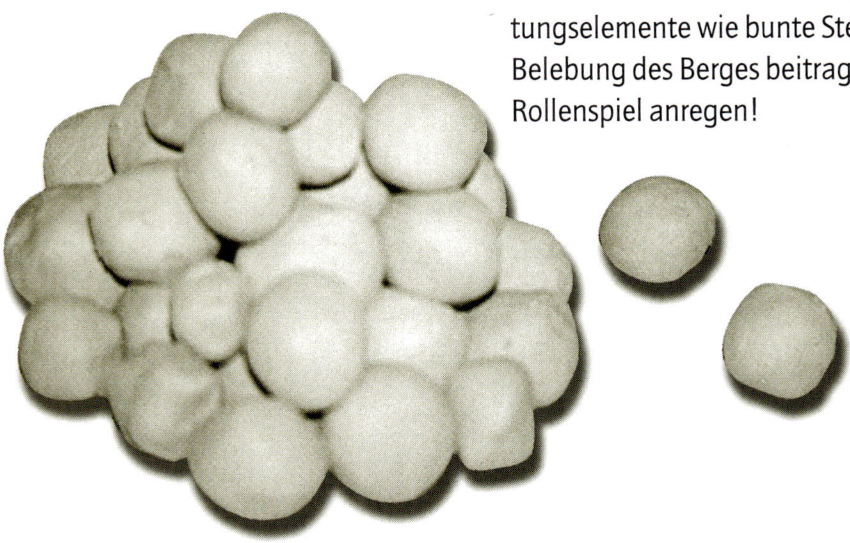

4. Mit Kugeln malen

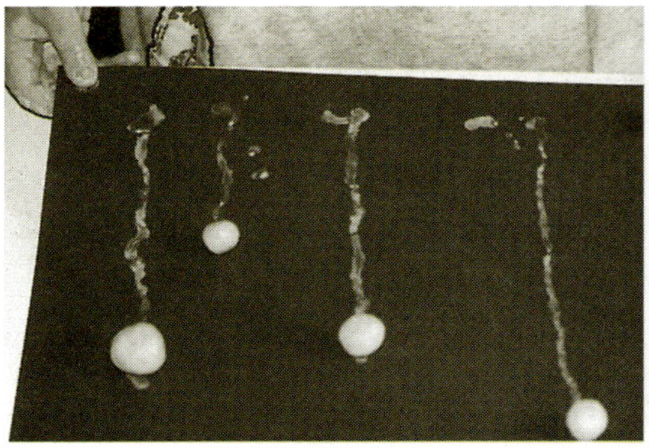

Feuchte Tonkugeln in der Hand zu formen, bereitet ein großes Vergnügen. Feuchte Tonkugeln über ein großes auf dem Fußboden ausgebreitetes Papier zu kugeln, verstärkt das Vergnügen. Aber auch auf kleineren Papierbögen ist es durchaus möglich, mit Tonkugeln zu experimentieren.

Es entstehen eigenwillige Strukturen auf dem Papier, deren Wirkung durch unterschiedliche Tonfarben noch hervorgehoben wird. So erzeugen rollende Kugeln ein anderes Bild als hüpfende oder einmal fest aufgeworfene Kugeln.
Wird das Blatt mit beiden Händen gehalten, können die Tonkugeln hin- und herrollen, ohne herunterzufallen.

Ein Gemeinschaftserlebnis wird vermittelt, wenn beispielsweise ein großes Tuch gemeinsam gehalten wird, auf dem unterschiedliche Tonkugeln bewegt werden.

Die „Ergebnisse" eines solchen Tuns sind durch eine lustbetonte spielerische Aktion entstanden. Im Vordergrund steht die spielerische Betätigung des Kindes. Das Ergebnis ist eher zufällig und gewinnt dadurch noch an Reiz.

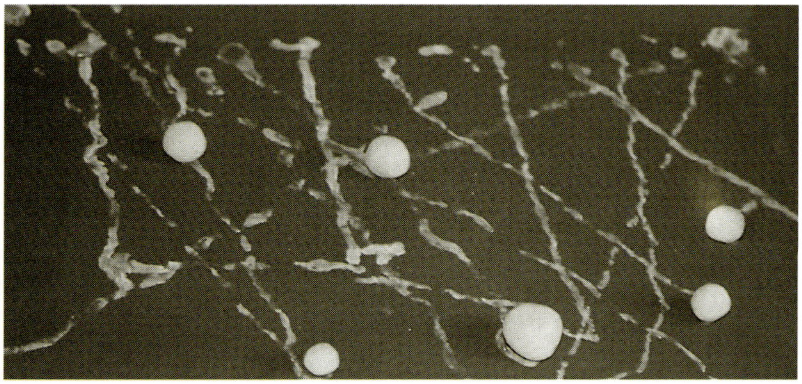

Vogelnester aus Ton oder: Die Natur erwacht

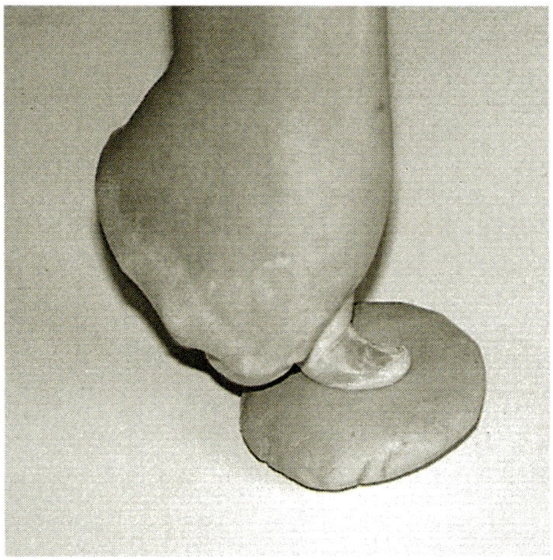

Naturbezogene Sachgespräche sind nur dann sinnvoll, wenn Kinder bereits konkrete Naturerfahrungen gesammelt haben und sich praktisch mit dem Thema auseinandersetzen konnten. Die Auseinandersetzung mit Naturmaterialien, zu denen auch der Ton zählt, läßt die Kinder Natur „lieben lernen": Eine Grundvoraussetzung, die Natur zu pflegen und zu erhalten.

Durch die Einzelleistung eines jeden Kindes wird ein Gemeinschaftswerk, eine Baumkrone mit Vogelnestern, erstellt.

Mein Rollen von Ton zu einer faustdicken Kugel veranlaßte auch die Kinder, ihren Ton zu „kugeln". Es entstand eine fröhliche „Kugelrollaktion" in gelöster Atmosphäre. Die Kinder befeuchteten ihre Kugeln immer wieder mit Wasser, so wurden sie glänzend und glitschig.
Die feuchten Kugeln verursachten beim Rollen in den Händen leise, sanfte Geräusche – unser Kugelorchester, wie wir alle feststellten. Es bereitete den Kindern sichtlich Freude, diese geschmeidige Masse zu glätten und zu runden. Ich achtete darauf, diese Tätigkeit nicht zu früh zu unterbrechen.

Der Effekt:

„Erlebte Natur" wird von Kindern in vielfältigen Ausdrucksformen dargestellt und somit verarbeitet, verstanden und verinnerlicht.

Erst nachdem jedes Kind ausreichend „gerollt" hatte, beendete ich die Situation, indem ich meine Kugel mit einem festen Schlag auf den Tisch stellte. Sofort vollzogen die Kinder diese geräuschvolle Tätigkeit nach. In die Kugel wurde nun ein großes Loch gebohrt, und die Wände des Nestes wurden vorsichtig geformt.

Die Überlegung mancher Kinder, daß vielleicht die Vögel auch „hundert" Eier ins Nest legen, erübrigte sich schnell, da jedes Nest durch seine räumliche Begrenzung nur eine überschaubare Zahl von Eiern aufnehmen konnte.

Allerdings bestanden die Kinder darauf, die Eier aus unterschiedlich farbigem Ton zu gestalten. Sie hoben sich somit in den Nestern kontrastreicher voneinander ab.

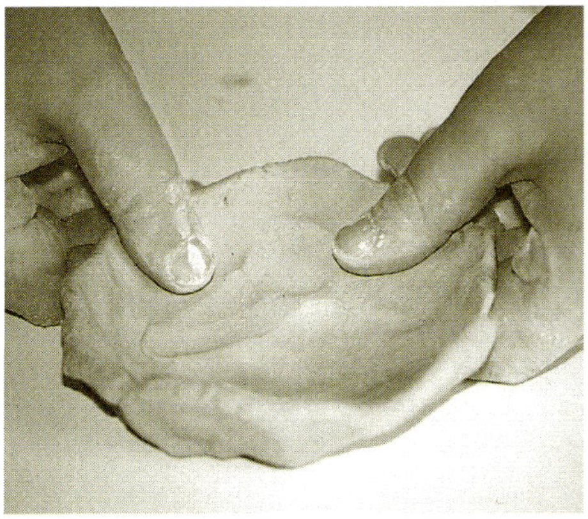

Aus gesammelten Ästen und Zweigen begannen die Kinder, gemeinsam eine Baumkrone für ihre Nester zu erstellen. Dazu wurden die Äste und Stöckchen dicht an dicht in die dicke Pappunterlage gesteckt.
Da die Baumkrone sehr kahl aussah und die Nester allein keinen Schutz vor Feinden und schlechtem Wetter boten, schnitten die Kinder aus grünem und braunem Tonpapier kleine Blätter aus und klebten sie an die Äste. Erst dann trugen sie ihre Nester behutsam und sorgfältig zum Baum und betteten sie dort liebevoll ein.

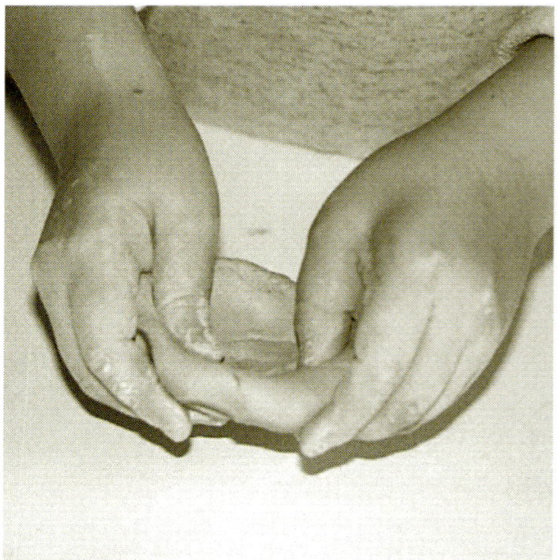

Wie selbstverständlich flüsterten die Kinder bei dieser Aktion, um die Vögel in den Eiern nicht aufzuwecken und die Vogeleltern durch den Lärm nicht zu erschrecken oder zu vertreiben.

Der Schatzberg

Aus vielen einzelnen Tonklumpen wird der Schatzberg zusammengesetzt und glattgestrichen. Mit wahrer Begeisterung verstreichen die Kinder mit ihren Fingern die Fugen und Ritzen des Berges. Glätten mit beiden Händen die Oberfläche. Ständig verändert sich die Form des Berges, ständig gibt es wieder neue Unebenheiten zu verstreichen. Alle Kinder sind intensiv in das Geschehen einbezogen, ganzkörperlich bearbeiten sie den Tonklumpen. Da sie bei dieser Beschäftigung notwendigerweise auf die Stühle und Tischplatte klettern, bietet es sich an, die Durchführung der gesamten Aktion auf den Fußboden zu verlegen.

Selbst scheue, zurückhaltende Kinder, die Ton vielleicht als unangenehm und an den Fingern klebend empfinden, beteiligen sich nach kurzer Zeit des Zuschauens lustvoll an der Aktion.

Stellt man älteren Kindern größere Mengen Ton zur Verfügung, leben sie diese Aktion lange und intensiv aus. Begleitet wird ihr Tun durch lebhafte, bunte Fantasien. So suchen ihre Finger z. B. Wege durch und um den Berg herum. Hindernisse wie böse Monster oder hilflose Tiere, die es zu erretten gilt, begleiten diese Wege.

Eigentlich würde den Kindern alleine schon diese Beschäftigung mit der Herstellung des Berges vollkommen genügen, wäre da nicht noch die Erinnerung an das Thema der Spielaktion: ein Schätzeberg sollte erstellt werden. Und dieses Wissen um das Thema weckt bei den Kindern automatisch die Frage nach den „Schätzen", oder der wie aus dem „grauen Tonberg" jetzt der „Schatzberg" werden könnte?

Diese Schätze können unterschiedlicher Art sein; sie müssen keineswegs immer golden oder glänzend sein. Schon alltägliche Gegenstände können als Schatz erkannt und eingesetzt werden. Diese Gegenstände können von den Kindern gemeinsam oder einzeln - je nach Gruppensituation - im Berg versteckt und danach wieder von ihnen mit den Händen herausgesucht bzw. herausgewühlt werden.

Der Berg wird dabei regelrecht „zerpflückt", was natürlich den Vorteil mit sich bringt, ihn wieder aufbauen und bei der nächsten Schatzsuche erneut zerpflücken zu können.

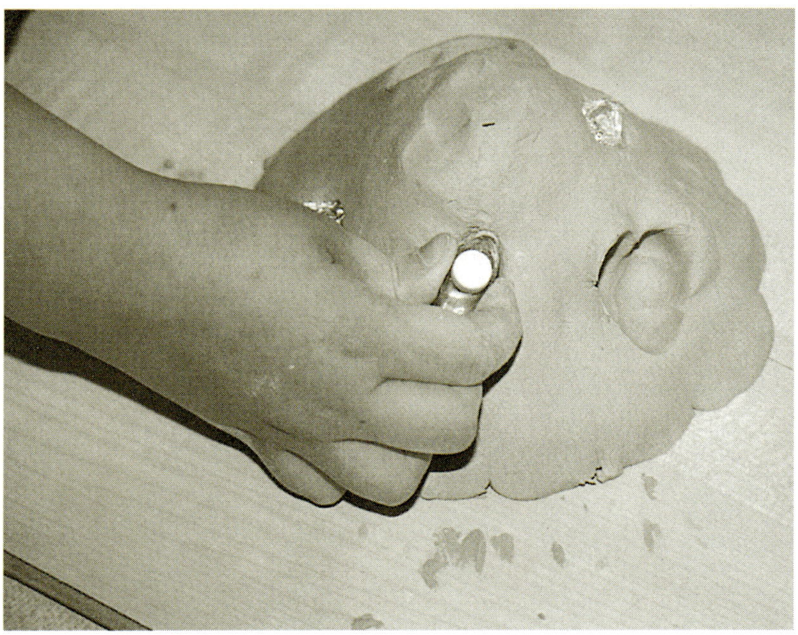

Die Reise auf eine Schatzinsel

Das für Kinder im Kindergartenalter typische Vorstellungsvermögen und die Ausschmückung durch ihre Fantasie ist einer der größten Schätze der Kindheit. Obwohl auch im Erwachsenenleben die Fantasie für ein konstruktives Gelingen, beruflich wie auch privat, eine Bereicherung darstellt, verkümmert sie bei vielen Menschen im Laufe ihres Lebens zusehends.

Als eines der wichtigsten Ziele der Kleinkindpädagogik kann deshalb das Wecken, das Fördern und das Erhalten der Fantasie angesehen werden. Und gerade unstrukturiertes Spiel- und Werkmaterial fordert zu einem fantasievollen Umgang mit diesem Material heraus.

Ton als Spiel- und Modelliermaterial ist in besonderem Maße für die Arbeit mit Kindern geeignet:

- Er läßt sich vielfältig einsetzen.
- Er ist ein reines Naturmaterial.
- Er ist relativ preiswert über Ziegeleien oder Töpfereien zu beziehen, und Kinder können ihn sogar selber ausgraben.
- Das Spielen mit Ton ist nicht altersgebunden.
- Durch das meditative Agieren, als Hinführung zum Thema, kann der innere Ausdruck des Mitspielers, bei Tonspielaktionen ein wesentliches Moment, noch intensiviert werden.
- Das „Sich-Besinnen" im Zusammenhang mit dem konzentrierten Bearbeiten der Tonmasse setzt kreative Gedanken, verbunden mit ganz individuellen Gefühlen, frei.

Der Einstieg in die Reise:

Unsere Reise auf die Schatzinsel begann mit einer meditativen Reise in unser Innerstes. Nach der allgemeinen Begrüßung und dem gemeinsamen Singen unseres „Töpferliedes“ bat ich die Kinder, auf dem Fußboden Platz zu nehmen.

Hier auf dem Fußboden befanden sich unsere „fliegenden Teppiche", auf denen wir davonfliegen wollten. Jedes Kind richtete es sich auf seinem Teppich ein, setzte sich bequem hin (die meisten saßen im Schneidersitz), und der Ausflug konnte beginnen. Aus Erfahrung wußte ich, daß diese Reise, die sich ja rein in der Fantasie der Kinder abspielte, durch Musik zusätzlich an Reiz gewinnen konnte. Deshalb ließ ich auf dem Kassettenrecorder eine harmonische, meditative Kindermusik erklingen.

Durch die sanften Töne verzaubert, schlossen einige Kinder ohne Aufforderung die Augen. Diese Gelegenheit nutzte ich, um ihnen von meiner Reise, von dem, was ich auf dieser Reise sah, zu erzählen.
Dann begann ich, meine Arme in leichten Flugbewegungen hin und her zu drehen und meinen Oberkörper leicht zu wiegen. Die Kinder schienen diese Bewegungen zu spüren (sehen konnten sie ja nichts, da ihre Augen nach wie vor geschlossen waren). Sie öffneten dann ihre Augen und taten es mir gleich. Alle Kinder beteiligten sich an den Bewegungen und begannen zu erzählen, was sie alles von ihrem Teppich aus sahen. So erblickten wir, immer noch begleitet von den sanften Tönen der Kassette, unsere Insel.

Bereits in diesem Stadium unserer Reise beschrieben die Kinder das Aussehen der Insel: Sie hatte große, weite Strände, hohe Berge, Bäume, Sträucher und Höhlen, in denen vielleicht Schätze zu finden wären. Kaum gelandet, liefen einige Kinder sofort los, um nachzusehen, was sich in den Höhlen befand. Sie erzählten von einer Vielfalt von Tieren, die von Schlangen über Papageien bis hin zu Tigern alles zu bieten hatte.
Schätze, im Sinne von Gold und Silber, fanden sich nicht, und beeindruckt durch die Landschaft und Tierwelt, waren sie für die Fantasie der Kinder auch nicht notwendig.

Aufgabe der Kinder war es nun, ihre Insel mit Ton nachzubilden. Dazu stellte ich auf den Fußboden einen großen Karton, der als „Inselkarton" den Untergrund für die Insel bildete. Begeistert begannen die Kinder mit der „Tonarbeit". Sie schlugen, drückten und preßten Tonplatten als Inselfundament auf den Karton. Emsig verstrichen sie die Platten miteinander. Wobei sich bereits jetzt Höhenunterschiede und Strukturen ergaben, die den weiteren Bau der Insel lenkten.
Höhlen und Berge wurden modelliert und aufgebaut. Natürlich fanden auch alle wilden Tiere, die von der Höhlenbesichtigung her bekannt waren, ihre Berücksichtigung in der Inselgestaltung.

Zur Herstellung von Sträuchern und Bäumen wies ich die Kinder auf eine Technik hin, die einerseits sehr motivierend wirkt und andererseits sehr schnell zu einem verblüffenden und anspornenden Ergebnis führt: Die Kinder sollten den sehr weichen Ton durch Siebe (grobe Haushaltssiebe aus Plastik oder Metall) und Knoblauchpressen drücken. Die so entstandenen skurrilen Tongebilde und Tonschlangen verhalfen der Insel zu einem märchenhaft fantastischen Zauberwald.

Die Kreidetechnik:

Nachdem die Schatzinsel fertiggestellt war, bestand bei den Kindern der Wunsch, sie farblich zu gestalten, was mit der Kreidetechnik leicht zu bewerkstelligen war.
Im Handumdrehen erstrahlten die Inseln in den schönsten Farben. Die Tätigkeit des Raspelns begeisterte die Kinder dabei ebenso wie die durch das Kreidepulver erreichte Farbenpracht.
Zum Schluß erhielt unsere Insel durch das Einfügen und Ausschmücken mit Muscheln einen sehr mediterranen Charakter.

Der Heimflug auf unseren fliegenden Teppichen gestaltete sich ebenso interessant und fantasievoll wie die Hinreise.

Die Kinder setzten sich, zum Abschied eifrig winkend, um die Insel herum auf ihre „Teppiche". Und ebenso wie der Hinflug wurde unsere Heimreise wieder von Musik untermalt. Wir wiegten unsere Körper zu den Klängen der Musik und erzeugten somit ein Gefühl des Fliegens. In vollkommener Ausgeglichenheit nahmen die Kinder auch verbal Abschied von dem, was sie auf der Schatzinsel gesehen und erlebt hatten, und erreichten „sicheren Fluges" wieder ihren Kindergarten.

Bei der farblichen Ausschmückung von Tonelementen hat sich eine von mir entwickelte Kreidetechnik als sehr effektiv erwiesen. Bunte Tafelkreide wird dabei über eine „Reibe" (Baustein oder Bauelement) geführt. Dadurch rieselt feinstes Kreidepulver über das Tonobjekt.

Licht im Dunkel oder: Wir feiern ein Lichterfest

Von jeher haben Menschen das Bedürfnis, „Licht in das Dunkel" zu führen. Auch Kinder besitzen diesen Drang, bezogen auf das Experimentieren mit Ton, ganz stark. Immer wieder versuchen sie, Leuchter, Kerzenständer usw. herzustellen.

Die Verbindung Licht - Ton, Feuer - Ton birgt eine starke Faszination in sich. Nicht zuletzt besteht durch das seit Jahrhunderten übliche Haltbarmachen von Tongegenständen durch das Brennen ein direkter Zusammenhang beider Elemente. Um zu verdeutlichen, daß Ton im Feuer nicht verbrennt, sondern erhärtet, bietet es sich an, Ton einmal im offenen Feuer (z.B. Lagerfeuer) mit Kindern gemeinsam zu brennen. Geschieht dieses vielleicht in Verbindung mit einem „Kartoffelfeuer" (die Kartoffeln werden in der heißen Glut gegart und später gegessen), ist neben der Materialerforschung auch noch für das leibliche Wohl gesorgt!

Große Feude bereiten auch sogenannte „Leuchtkugeln". Dazu werden in Tonkugeln Teelichter eingedrückt. Diese Leuchtkugeln sind schnell und einfach zu erstellen und lassen sich überall dort aufstellen, wo Licht gewünscht wird.

Wichtig:

Starkes körperliches Tun führt hierbei zu sinnvoller Beschäftigung.
Der ausgeprägte Bewegungsdrang des Kindes und sogar motorische Unruhe können in gezielten Aktionen eingebracht und eingebaut werden.

Ein richtiges Lichterfest entsteht und kann auch entsprechend gefeiert werden, wenn ganze „Lichterlandschaften" von Kindern erstellt werden. Diese „Lichterlandschaften" können aus ganz unterschiedlichen Elementen zusammengesetzt sein. Da wachsen „rauchende Vulkane" neben leuchtenden Kugeln aus dem Boden. Unheimlich aussehende Drachen und andere Fabelwesen „speien Feuer", und nicht zuletzt sorgen Wunderkerzen und Räucherstäbchen für eine „urweltliche" Atmosphäre.

Auch bei dieser Beschäftigung steht der ganzheitliche Aspekt des Spielens mit Ton im Vordergrund des Geschehens: Über die Motorik beim Zerkleinern und Anrühren der Tonmasse, über das Kneten und die Wiederverwertung des bespielten Tons, lernen die Kinder ein Stück Natur kennen, schützen und geschickt aufarbeiten. Alles das sind Grundvoraussetzungen eines positiven Umweltbewußtseins.

Schafe auf der Weide

Ton ist Erde, Erde ist fruchtbar und mit Leben besetzt. Aus diesem Grund versuche ich immer wieder, andere Naturelemente wie keimende Samen, Steine, Pflanzen usw. in meine Aktionen einzubeziehen. Die von den Kindern erstellten „Lebewesen" bereichern den Naturcharakter und stehen mit dem Material Ton in einem harmonischen Gesamtzusammenhang. Somit sind Tierfiguren in meinen Aktionen immer zugegen und unerläßlich.

Hinweis:

Kinder besitzen im Kindergartenalter eine starke gefühlsmäßige Bindung an Tiere. Wird bei Aktionen wie dieser die emotionale Seite des Kindes nicht berücksichtigt, so wird auch nur wenig Interesse beim Kinde geweckt werden können.

Neben Hasen erfreuen sich Schafe bei Kindern besonderer Beliebtheit. Beide erwecken bei den Kindern den Wunsch zu behüten und zu streicheln. Diese Gefühle von Zärtlichkeit versuche ich auf den Ton zu übertragen, um dadurch Aufforderungen wie: „Nun gestaltet doch 'mal ein Schaf!" zu vermeiden.

Über das anfängliche Tonklopfen, bei dem viel Lebhaftigkeit erzeugt wurde, kam ich über das Tonkneten mit beiden Händen zur Form der Kugel.
Diese Kugel habe ich dann mit feuchten Händen glattgestrichen und „gestreichelt". Ohne zusätzliche Aufforderung taten es mir die Kinder mit großer Begeisterung nach. (Das Streicheln der feuchten, glatten Kugel ist für die Kinder eine sehr lustvolle Betätigung und bereitet ihnen sehr viel Freude und angenehme Gefühle.)

Diese positive Stimmung nutzte ich, um von der Tonkugel auf das Schaf zu lenken. Dies tue ich entweder durch das Erzählen einer kurzen Geschichte oder durch das Singen eines Liedes, das bei Kindern sehr beliebt ist:

„Mary hat ein kleines Lamm;
sein Fell ist weiß wie Schnee.
Und immer wenn klein Mary kam,
dann macht das Lämmchen 'mäh'!"

Während des Singens beginne ich, meine Tonkugel heftig zu streicheln und in eine längliche (ovale) Form zu bringen. Die Kinder vollziehen an ihrer Tonkugel die Formung nach und akzeptieren das, was sie in ihren Händen halten, als Lamm oder Schaf. Was ganz deutlich daran zu sehen ist, daß in diesem Stadium der Erstellung bereits einige Kinder mit ihrem Lamm sprechen und spielen.

Meist bemerken die Kinder an dieser Stelle aber auch, daß das Schaf noch kein Fell besitzt. Da schaffe ich Abhilfe, indem ich den weichen Ton durch ein Haushaltssieb drücke und die kleinen Teigröllchen wieder durch leichtes Drücken und Streicheln auf das Schaf bringe.
Ohne große Worte greifen die Kinder diese Tätigkeit auf und „kleiden" auch ihre Schafe ein.

Damit die Schafe sich so richtig wohlfühlen können, erstelle ich mit den Kindern nun eine kleine Weide. Dazu füllen wir Blumenerde in einen großen Pappkarton und streuen Kressesamen ein. Mit den von den Kindern gesammelten Naturmaterialien wird die Weide noch vervollständigt.

Zuletzt werden die Schafe vorsichtig auf die Weide gesetzt. Jedes Kind plaziert sein Schaf an seiner persönlichen Lieblingsstelle. Durch die tägliche Pflege der Weide und durch das Begießen der Kresse wächst das Interesse der Kinder, über einen längeren Zeitraum bei den Schafen zu verweilen. Dieses Interesse kann dazu genutzt werden, den Kindern über Lieder, Bilderbücher, Spiele und Exkursionen viele Informationen zum Thema Schafe und Tierhaltung zugänglich zu machen.

Tip:

Anstelle des Kressesamens kann selbstverständlich auch schnellwachsender Blumensamen verwendet werden.

Die Wiederverwertbarkeit des Materials oder: Die Freude an der „Wiederaufbereitung"

Einen großen Vorteil gegenüber anderen handelsüblichen Modelliermassen hat Ton insofern, als er ungebrannt, fast unvergänglich ist, sieht man einmal von dem natürlichen Materialschwund ab.

Hat man ferner noch die Möglichkeit, Naturton gemeinsam mit den Kindern auszugraben, wird Ton zu einem recht preiswerten Spielzeug. Überall wo heute noch Ziegeleien zu finden sind oder alte Ortsbezeichnungen auf solche hinweisen, zum Beispiel „Altes Ziegelfeld", „Lehmkuhle", läßt sich im Boden Ton finden! Auch geben (wie bereits an anderen Stellen dieses Buches erwähnt) Ziegeleien und Töpfereien auf Nachfrage Ton meist preisgünstig ab. In luftdicht verschlossenen Plastikeimern, die kühl stehen sollten, läßt sich Ton lange aufbewahren. Von besonderer Attraktivität ist für die Kinder jedoch schon die Tätigkeit, trockenen Ton, vielleicht auch bespielte Objekte, die ihren Reiz verloren haben, wieder aufzubereiten, um gebrauchsfähige Tonmasse zu erhalten.

Dazu ist es erforderlich, den Kindern geeignetes Werkzeug z.B. einen kleinen Hammer und einen Holzstampfer zu geben, mit dem sie dann munter drauflosklopfen können. Als Arbeitsfläche ist ein alter Tisch geeignet. Steht keiner zur Verfügung, kann diese Aktion auch auf Holzbrettern auf dem Fußboden durchgeführt werden. Alle angestauten Aggressionen, aller Ärger der Kinder oder ganz einfach die Freude am motorischen Agieren wird diese Tätigkeit bestärken!

Ist der Ton zerkleinert, wird er in große Schüsseln oder Behälter gefüllt und mit Wasser angerührt. Dadurch steht wieder Tonmasse zum Spielen zur Verfügung.

Eine Geburtstagstorte aus Ton

Oftmals wird bei festlichen Anlässen wie Kindergeburtstagen oder Kinderfesten im Kindergarten wie auch zu Hause nach besonders reizvollen Attraktionen, nach Tätigkeiten und Beschäftigungen, die sich vom Üblichen abheben, die Spaß machen, an denen alle Kinder aktiv teilnehmen können und an die sich diese Kinder auch gerne erinnern, geforscht.
Neben geselligen Spielformen bieten sich hierfür auch besondere Materialien an, die sonst im Zusammensein mit Kindern weniger Berücksichtigung finden.

Ton ist ein Material, das bei Kindern immer gut ankommt und große Aufmerksamkeit erweckt. Das gemeinsame Tun, die Gestaltung einer Geburtstagstorte aus Ton, bereitet nicht nur viel Spaß, es festigt auch die Beziehungen der einzelnen Festteilnehmer untereinander.
Und das abschließende Anzünden der Kerzen birgt eine für Kinder kaum beschreibbare Faszination in sich. Die durch das Kerzenlicht erzeugte Atmosphäre (Wärme, Kerzenduft, gedämpftes Licht) spricht die emotionalen Bedürfnisse der Kinder sehr stark an und befriedigt gleichsam ihre traditionellen Erwartungen (Rituale) bezüglich des Festefeierns.

Bei Durchführung der Aktion wollte ich die Kinder auf gar keinen Fall durch Äußerungen wie „Jetzt machen wir mal ..." zum Bau der Torte animieren. Vielmehr sollten die Kinder durch die bereitgestellten Materialien selbst Ideen entwickeln/Assoziationen erkennen.
Dazu legte ich einen stabilen Pappdeckel (ø 28 cm) auf den Tisch, deckte ihn mit einem Tortendeckchen ab und plazierte daneben einen großen Klumpen Ton. Dann bat ich die Kinder zu überlegen, wozu diese „Zutaten" wohl zu verwenden wären. Meist führte diese Frage zu einem lebhaften Meinungsaustausch der Kinder, der in der Regel „Kuchenbacken" zum Ergebnis hatte.

Stand diese Aktivität fest, mußte nur noch überlegt werden, wie so ein Kuchen hergestellt werden könnte. Manche Kinder wollten sogleich den kompletten Klumpen Ton in „Tortenform" bringen, mußten jedoch feststellen, daß sich so ein großer Klumpen nicht so einfach bearbeiten läßt. Durch diese Erkenntnis kamen die Kinder ganz von selbst auf die Idee, kleine Teile des Tons zu einem großen Ganzen zusammenzustellen.

Flugs formten die kleinen Hände Tonstückchen zu Kugeln und setzten sie dicht an dicht auf das Tortendeckchen. Da diese Tätigkeit – wie übrigens die meisten Gemeinschaftsaktionen – von den Kindern mit Begeisterung ausgeübt wurde, waren sie in ihrer Aktivität kaum noch zu bremsen und ruckzuck entstand aus der ursprünglich geplanten Geburtstagstorte ein regelrechter „Geburtstagsberg" (Bezeichnung der Kinder für das entstandene Gebilde).

Etwas schwierig wurde es allerdings, als die letzte Kugel, die die „Bergspitze" darstellte, auf die Torte gesetzt werden sollte. Jedes der Kinder wollte hier natürlich Hand anlegen und für den krönenden Abschluß sorgen. Da dies natürlich schlecht möglich war, entschieden wir, den Gipfel des „Geburtstagsberges" aus acht Kugeln (entsprach der Anzahl der mitwirkenden Kinder) herzustellen, was letztlich zur Zufriedenheit aller Beteiligten führte.

Da manch einem der Kinder die Torte, so wie sie jetzt war, zu farblos erschien, packten wir noch die Straßenmalkreide und die „Reiben" aus und bestäubten den „Geburtstagsberg" mit einem zarten Hauch von farbigem Kreidemehl.

Ganz zufrieden waren die Kinder aber immer noch nicht; irgend etwas fehlte da doch noch. Und da platzte ein Kind auch schon damit heraus: „Kerzen! Zu einer Geburtstagstorte gehören Kerzen!"
In weiser Voraussicht hatte ich natürlich Kerzen eingepackt und gab jedem Kind zwei davon, die es ganz nach Belieben auf den „Geburtstagsberg" setzen durfte.

Zum krönenden Abschluß verdunkelte ich den Raum und zündete die Kerzen an. Faszination und Begeisterung, aber gleichzeitig auch Andacht spiegelten sich in den Augen der Kinder. So saßen wir eine Zeitlang da und betrachteten den leuchtenden „Geburtstagsberg". Dann holten wir alle tief Luft und pusteten auf ein Kommando von mir (ich zählte 1, 2, 3, fertig, los!) mit vereinten Kräften die Kerzen aus.

Da die Kinder mit diesem Gemeinschaftsobjekt emotional stark verbunden sind, bleibt die Torte meist eine lange Zeit erhalten und erinnert immer wieder an ein schönes Fest (falls sie nicht – wie zuvor beschrieben – gleich zerteilt wurde).

Hinweis:

Oft möchten die Kinder zu gerne ein „Stück Torte" mit nach Hause nehmen. Manche bestehen sogar darauf, ihren Anteil an der Torte zu erhalten. Diesem Ansinnen kann man ganz einfach dadurch entsprechen, indem man die einzelnen Kugeln inklusive Kerze vorsichtig aus der Torte löst und jedem Kind gibt. Dadurch erhält jeder der „Tortenbäcker" ein Stück für sich ganz persönlich.

Geburtstagstafeln aus Ton, eine Überraschung ganz besonderer Art

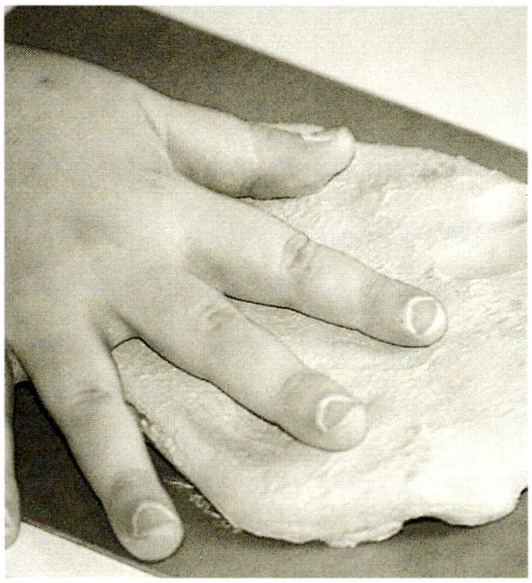

„Wie, du bist schon drei Finger alt?" Kinder sind stolz, wenn sie älter werden, und mit jedem Geburtstag steigert sich ihr Selbstwertgefühl ein Stückchen mehr.
Geburtstagsfeste sind ganz wichtige Ereignisse im Leben eines Kindes.

Ein kleines Kind kann sein Alter nicht konkret definieren. Die Bedeutung von abstrakten Zahlen kennt es noch nicht. Deshalb kommen häufig Formulierungen wie: „Ich bin schon soviel alt" (Kind zeigt drei Finger) oder „Ich bin schon drei Finger alt" zustande.

„Geburtstagstafeln" aus Ton sind eine lustige Hilfe, das Alter zu begreifen, und eignen sich gut als nettes kleines Geburtstagsgeschenk oder Geburtstagstischschmuck.

Das Ausgangselement der Geburtstagstafel besteht aus einem dicken (ungefähr zwei Kinderfäusten entsprechend), sehr weichen Tonklumpen. Dieser Tonklumpen wird von den Kindern auf einem Brett so lange gerollt und geformt, bis er die Gestalt einer Kugel angenommen hat.

Diese Kugel kann von den Kindern plattgeklopft oder mit der Holzrolle flach ausgerollt werden. Dabei ist zu beachten, daß der Ton insgesamt recht „dick" (mindestens zwei Zentimeter) bleibt. Entsprechend der Jahreszahl der Kinder können dann in die Tonplatte tiefe Fingereindrücke erfolgen. Das heißt, nicht die komplette Hand wird abgedruckt, sondern nur der Teilbereich, der der gewünschten Fingerzahl entspricht (siehe Foto).

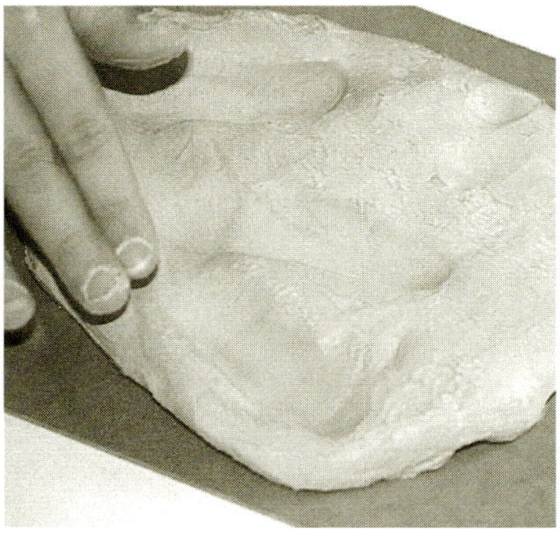

Über das reale Begreifen des Tones und die taktile Wahrnehmung der Fingerdrücke begreift das Kind die Bedeutung von Zahlen, in diesem Fall von Jahreszahlen. Das Alter wird plötzlich über Ton sichtbar und verständlich.

Älteren Kindern bleibt es vorbehalten, ihre Geburtstagstafeln farblich auszugestalten.

Einen besonders festlichen Glanz erhalten Geburtstagstafeln, wenn man auf die Platte im Bereich der Fingerspitzen auf die erhabenen Stellen kleine Geburtstagskerzen setzt und anzündet. In dieser Weise festlich ausgestaltet, sehen die Geburtstagstafeln sehr anmutig als Tischschmuck aus und bereiten sicherlich als kleine Aufmerksamkeit jedem Geburtstagskind viel Freude.

Kritische Schlußgedanken

Ton als Spielmaterial gehört zu den freien, unvorgefertigten Materialien. Durch die Vielseitigkeit und die Variationsmöglichkeiten des Spieleinsatzes erhält die Beschäftigung mit Ton eine wichtige pädagogische Bedeutung: Das Ausleben unterschiedlicher Gefühle wie auch die häufige Vermittlung eines Katharsiserlebnisses im Umgang mit diesem Material einschließlich der sachbezogenen Erfahrungen bestätigen diese Aussage.

Ton kann ganzheitlich, naturbezogen und naturerhaltend eingesetzt werden und ist somit als Methode in der sozialpädagogischen Arbeit akzeptierbar. Das Spiel hat in den vorliegenden Ausführungen zentrale Bedeutung; nicht das fertige Produkt ist das Ziel der Aktionen, sondern der Weg dorthin!

Auch die Experimentierfreude der Kinder findet über die vielen Möglichkeiten des Ausprobierens Berücksichtigung, d.h. im freien kindgemäßen Spiel mit dem Material Ton sammeln die Kinder lebenswichtige Erfahrungen. Gerade das Grundbedürfnis des Kindes nach „feuchter", „schlammiger" Betätigung wird in den Spielaktionen berücksichtigt, gefördert und toleriert.

Ein ganz wichtiger Aspekt dabei ist die Tatsache, daß über die Spielaktionen mit Ton den Kindern Natur begreiflich gemacht werden kann. Was den Kindern liebgeworden ist, was ihnen Spaß bereitet und woran sie ihre Freude haben, werden sie nicht leichtfertig zerstören.

Alle Berufserzieherinnen können aufatmen und sich ohne Scheu an diese Aktionen heranwagen. Es wird von ihnen kein überdurchschnittliches künstlerisches Talent erwartet. Sie können Ton ganz einfach in die Reihe der besonders kreativen Spielmittel einordnen und den Kindern auch als solches anbieten.

Alle aufgeführten Spielaktionen lassen sich gemeinsam mit den Kindern verändern und erweitern. Die besondere Eigenheit des Materials setzt der kindlichen Fantasie und der kindlichen Experimentierfreude kaum Grenzen.
Zum schöpferischen Naturerleben benötigen die Kinder allerdings ausreichend Zeit und Raum, nur dann finden sie zu der so häufig schon im Kindesalter verlorengegangenen „Muße" zurück.

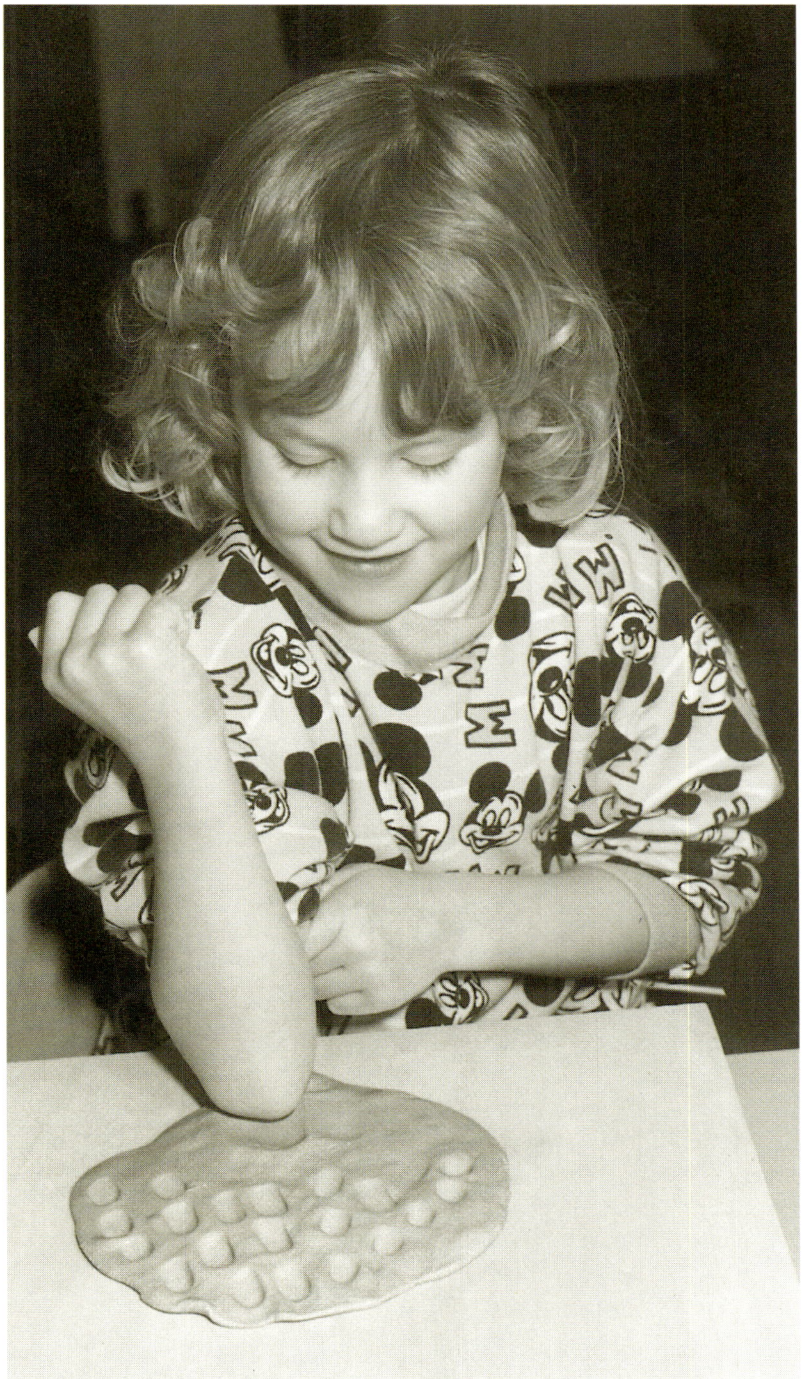

Töpferlied

Zu singen auf die Melodie von
„Es klappert die Mühle am rauschenden Bach ..."

Wir Kinder, wir kommen
und freuen uns schon.
Klopf, klopf, klopf, klopf, klopf, klopf.

Wir kneten und klopfen
den kühlen Ton.
Klopf, klopf, klopf, klopf, klopf, klopf.

Mit Eifer schlagen alle zugleich
mit Händen und Füßen den Klumpen ganz weich
Klopf, klopf, klopf, klopf, klopf, klopf

Hinweis:
Auf „klopf, klopf" können die Kinder entweder in die Hände klatschen oder auf die Tischplatte klopfen.

Anhang zu den benötigten Materialien

Materialien, die grundsätzlich bei allen Tätigkeiten benötigt werden:

- Ton (am besten leicht schamottiert)
- Nylonfaden (damit werden vom großen, noch nicht bespielten Tonklumpen kleine Teile für die Kinder „abgeschnitten"
- Zeitungen als Unterlage
- Rundhölzer (von 3-4 cm Durchmesser und ca. 40 cm Länge)
- Holzbrettchen (ca. 50 x 50 cm), auf denen die Kinder ihren Ton klopfen, schlagen bzw. mit Wasser durchkneten können
- Schüsseln mit Wasser zum Befeuchten der Hände und zum „Verkleben" des Tons

AKTIONEN:

„Wir graben Ton aus, ein lehmiges Vergnügen!"

Benötigte Materialien:

- Spaten
- mehrere Eimer
- viele Sandschaufeln
- Wasser
- Schüsseln in allen Größen

„Erde im Glas"

Benötigte Materialien:

- Sandschaufeln
- leere Einweckgläser oder andere große, gradwandige Glasgefäße
- Naturmaterialien wie Sand, Steine, Erde
- evtl. schnellkeimende Samen (z.B. Kressesamen)

AKTIONEN:

„Das Erleben beim Anrühren des Ton-Materials"

Benötigte Materialien:
- große Behälter (Eimer, Schüsseln, Babybadewanne)
- Holzknüppel oder -stöcke
- große Bögen saugfähiges Papier oder Pappe

„Spuren im Ton"

Benötigte Materialien:
- Kartondeckel oder Holzrahmen
- Naturmaterialen (Steine, Tannenzapfen, Muscheln ...)
- Gegenstände des täglichen Gebrauchs, die sich als Druckstöcke eignen

bei der Durchführung mit Erwachsenen zusätzlich noch:
- Begriffskärtchen

„Das Schloß der Prinzessin"

Benötigte Materialien:
- Blätter und Zweige
- Sand und Kieselsteine
- Tafelkreide und Reibe

„Aktionen mit Kugeln"

Benötigte Materialien:
- Wasserfarben
- große Bögen dickes Papier (evtl. Fotokarton)
- großes Tuch (altes Bettlaken)

„Vogelnester aus Ton"

Benötigte Materialien:
- kleine Äste und Zweige
- evtl. grünes und braunes Tonpapier
- Schere
- Kleber

AKTIONEN:

„Der Schatzberg"

Benötigte Materialien:
- Gegenstände des täglichen Gebrauchs
- Murmeln, Kieselsteine,Schneckenhäuschen,Muscheln ...

„Die Reise auf eine Schatzinsel"

Benötigte Materialien:
- Kassettenrecorder
- ruhige, meditative Musik
- großer, flacher Karton
- Haushaltssiebe und Knoblauchpressen
- Straßenmalkreide und Reibe (z. B. Nopper-Bausteine)
- Naturmaterialien wie Äste, Zweige, Muscheln

„Licht im Dunkel oder: Wir feiern ein Lichterfest"

Benötigte Materialien:
- Lagerfeuer
- Teelichter
- evtl. Wunderkerzen und Räucherstäbchen

„Schafe auf der Weide"

Benötigte Materialien:
- Haushaltssieb
- großer, flacher Karton
- Blumenerde
- Kressesamen
- Naturmaterialien

Unsere Buchreihe

Kinder KREATIV BEGLEITEN

Jeder Mensch wird als Individuum geboren und besitzt kreative Eigenschaften, die gefördert werden wollen. Uns Erwachsenen fällt nun die Aufgabe zu, diese Fähigkeiten beim Kind zu erkennen und deren Weiterentwicklung durch differenzierte Angebote zu unterstützen. Die Buchserie »Kinder kreativ begleiten« gibt Ihnen für diese wichtige Arbeit eine Fülle von Anregungen und Tips, die schwerpunktmäßig in einzelnen Büchern zusammengefaßt sind.

Fester Einband, 20 x 25 cm, 72 Seiten mit vielen Fotos und Illustrationen, je Buch

24,80DM*

*inkl. Mwst., zzgl. Versandkosten

»Wer wirft den da mit Lehm?«
Spielaktionen mit dem Naturprodukt Ton von Birgit Liebetruth-Bergfeld, ISBN 3-9802874-5-9

»Klein, aber oho!«
Spielanregungen für die Beschäftigung mit Kindern bis drei von Birgit Liebetruth-Bergfeld, ISBN 3-9802874-6-7

»Es war einmal ein Joghurtbecher ...«
Märchenhaft preiswerter Bastelspaß für Kinder von Christiane Weller-Iffland, ISBN 3-9802874-7-5

»Hörst Du die Regenwürmer husten?«
Ganzheitliches Naturerleben mit Kindern im Jahreslauf von Bernhard Lehnert, ISBN 3-9802874-8-3